KB044049

이명식이 파헤치는 천하의 명약초

산삼의 비밀

이명식이 파헤치는 천하의 명약초

산삼의 비밀

이명식 글 · 사진

한국산삼연구회

추천의 글 (1)

저는 '과학에 근거를 둔' 정통의학 즉 서양의학을 배우고 수술을 전공으로 한 외과의사입니다. 제가 외과의사를 선택한 첫 번째 이유는 이렇게 탄탄한 이론적 배경을 바탕으로 병이 있는 환자를 제 손으로 한 순간에 병이 없는 사람으로 만들 수 있다는 매력 때문입니다. 사람의 목숨을 다루는 의학만큼은 무엇보다도 진실되고 치밀하다고 믿었습니다.

그러나 실제 임상에서는 그동안의 의과학적 실험과 통계를 통해 진실로 굳어진 사실을 기록한 교과서에 기술된 대로 진료를 보고 처방하여도 치료의 경과나 수술의 결과가 예상을 빗나가는 경우가 종종 생기는 것을 경험했습니다. 게다가 암의 경우에는 이론적으로나 기술적인 의학으로 단단히 무장된 의사들을 조롱이나 하듯이 예측을 벗어나는 경우가 허다하고, 암과의 전쟁을 선포하며 암의 박멸에 나선 지 40여 년이 지난 지금에서는 여러 과학자와 의학자들의 의견을 받아들인 미국 정부가 '지금까지의 암 치료는 실패' 라고 선언하는 지경에 이르렀습니다.

예전에는 수술과 항암 치료 후 정상이 된 환자들이 몸에 좋다고 뭔가를 찾아 먹는다는 것을 이해하기 어려웠고, 조언을 구할 때는 앵무새처럼 언제나 똑같은 말을 했습니다.

“수술과 항암약물치료 후에 회복을 위해서는 무엇이든 잘 먹어야 합니다. 인삼은 안 맞는 분들이 있으니까 드시려면 차라리 홍삼을 드세요. 그리고 한약은 절대 복용하지 마세요.”

지금 되돌아보면 참으로 우습고 근거 없는 말입니다. 그럼에도 불구하고 환자들은 선배들에게 주워들은 그 말을 아직도 그대로 하고 있는 의사들을 쉽게 만날 수 있습니다. 그러나 이 책을 펼치고 있는 분들은 한쪽 귀로 흘려서 잊어버리시기 바랍니다. 어쩌면 이미 병에 좋다는 약초나 버섯, 과일, 영양제, 한약제 등등을 한 번 이상 경험하셨을 지도 모릅니다. 효과가 있다고 알려져 있는 것들 중에 단독적으로 효과가 좋은 산삼에 대해 이 책의 저자를 통해 저도 많이 배웠고, 이제는 환자들에게 산삼을 권합니다.

부디 이 책을 통하여 많은 정보를 알고 올바른 선택을 하시어 투병에 도움이 되시기를 바랍니다.

— 외과 전문의 김준영

(세브란스 외과 전문의, 연세대학교 대학원 의학과 석사, 세브란스 로봇-복강경 외과전임의, 세브란스 간-담-췌장 외과 전임의, (현) 비타민C 암연구회 정보이사, (현) 새로 서는 의학연구회 상임이사, (현) 대한정주의학회 정보통신이사, (현) 세브란스 외과 외래 조교수, (현) 유방-갑상선전문 연세유외과 원장)

추천의 글 (2)

한의사가 되기로 큰 결심을 하게 되었던 동기가 주변의 암으로 죽음에 이르는 많은 사람을 보면서 암을 정복하기 위한 분명한 비방이 있을 것이란 생각에 망설임 없이 선택하였고, 다른 한의사들의 냉소에도 불구하고 암 정복을 목표로 외길을 달려왔습니다.

전국을 누비며 암을 치료하는 자연대체요법에 능한 사람들을 찾아 비법을 배우고 내가 아는 지식을 더해 결국 암을 정복하는 비방을 나름대로 정리하여 지금의 산삼을 적용한 산삼약침 및 산삼완치단을 완성했습니다.

여러 가지 실험에서 홍삼의 7배 이상의 항암효과와 노화를 억제하는 작용이 강한 한국의 산삼은 지구상 최고의 약초란 사실에 주목하여 암이란 노화현상의 하나란 사실을 알게 되었고, 이를 극복하는 데 필수로 산삼을 이용한 여러 약초를 배합하여 몸의 독소 제거는 물론 면역력 강화에 최고임은 그동안 여러 임상에서 밝혀졌고, 인간이 늙지 않는다면 암도 당연히 소멸되는 것으로 정리하여 많은 암환자 치료에 인생의 모든 것을 걸고 지금까지 묵묵히 걸어왔습니다.

자신이 앓고 있는 희귀병인 다발성경화증을 극복하기 위해 애처로울 정도로 온갖 노력을 쏟아 붓는 이 책의 저자 이명식 선생을 만나 산삼의 모든 것을 알고 다시 날개를 달았습니다.

그동안 산삼은 그 종류가 많고 저급한 산삼의 잘못된 사용으로 적재적소에 사용치 못한 경우도 많은 것이 사실입니다.

제대로 된 양질의 산삼으로 적재적소에 적용해 치료할 경우 그 효과는 놀라웠고 암은 물론 각종 질병에 적용하며 환자들이 완치되는 소견을 보며 나 스스로 또 다른 기쁨을 맛보았습니다.

양질의 산삼은 생명을 살리는 소중하고 귀중한 약초입니다.

본인이 다발성경화증을 극복하며 얻은 체험적 사실을 바탕으로 한 산삼에 관한 이 책은 난치병을 앓고 있는 환자나 가족 보호자는 물론 질병을 연구하며 치료하는 모든 의사나 약업에 종사하는 모든 분에게도 적지 않은 도움이 되리라고 보며 일독을 권하는 바입니다.

— 한의사 박치완

(경희대학교 한의학과 학사, 2013 생명나눔한의원 연구원장, 2012 생명나눔한의원 원장, 2010 PCW한의원 대표원장, 2009 경희성신한의원 연구원장)

추천의 글 (3)

그를 안 지는 2년 정도 된 것 같다. 꾸밈없는 행색에 나의 선입견은 그를 그저 그런 인연 없이 스쳐지나가는 사람으로 생각했다.

첫 만남은 그렇게 시작되었다. 아마 그의 담백한 성품이, 깊은 맛을 가진 음식이었지만 자극적이고 화려한 색깔의 음식에 길들여진 나의 정신적 입맛인 선입관에 느낌을 주지 못한 것 같다.

그와 마주앉아 값싼 티백차를 마시면서 이야기를 나누고 이 책의 초고를 보면서 나는 그와의 인연을 생각했다. 지난 세월의 상처들을 담담하게 말할 수 있는 사람은 통찰이 있는 사람들이다. 그것도 꾸밈없이, 조그만 감정의 소용돌이도 없이.

산삼에 대한 그의 체험적 이론을 들었을 때 나는 군더더기 없는 정연함에 놀라움과 함께, 인연이라는 놀라운 구심력으로 끌려가게 되었다.

교사 출신이고 서점을 운영한 적이 있으며 생사를 넘나드는 병으로 인해 그는 산삼을 만나게 되고 그 산삼과의 인연으로 제 2의 인생을 살고 있는 평범하지 않은 질곡을 극복한 그를 알게 되어 개인적으로 매우 영광으로 생각한다. 이 의미는 짧은 시간이었지만 그와 나의 관계에 있어서 믿음의 싹이기 때문이다.

이 책의 저자를 이야기하면서 빼놓을 수 없는 인물이 박치완 원장과의 인연이다. 그는 나와 저자와의 인연을 만들어 준 사람이다. 낯을 많이 가리는, 그리고 타인에 대한 평을 잘 하지 않는 그에게 저자에 대해 물었다. 험난한 세상에 또 다른 사람과 만나는 것이 두려웠던 나는 아이처럼 그의 판단에 의지하려 했다. 한 치의 망설임 없이 저자에 대해 인간적 호평과 산삼에 대한 저자의 식견에 대해 칭찬했고, 다행히 나는 박원장의 진솔한 충고를 받아들였다. 그리고 저자에 대한 눈에 보이지 않는 조그만 먼지 같은 의심도 닦아냈다.

인연이라 일컫는 사람의 만남은 묘한 것이다. 저자와 박치완 원장과 나는 우여곡절이 많은 중생이다. 저마다 그 곡절을 겪으면서 이제는 담백해질 수 있고 사람들의 본심을 이해할 수 있는 마음의 돋보기와 따뜻한 장갑 같은 감정을 갖게 되었다.

내가 왜 이 책의 추천사를 이런 식으로 쓸 수밖에 없느냐는 것은 이 책의 성격 때문이다. 이 책은 단순히 저자 개인의 자랑을 위한 것이 아니다. 산삼에 대한 저자의 애정은 단순한 것이 아니다. 그저 '산삼이 돈이 된다'는 접근을 한 사람이 아니다. 그의 생명을 구해 준 산삼에 대한 은혜로 갚으려는 사람이다. 그래서 돈과 어우러져 어둡고 거짓 속에 있는 산삼에 대해 좀 더 투명하고 밝은 세상으로 드러내고 싶은 것이다. 정당한 평가로 올바른 산삼의 유통을 만들고 싶어 하는 사람이다.

은혜란 사람들 사이에만 발생하는 인과가 아니다. 조금만 시야를 넓히면 은혜의 인과는 모든 곳과 시간에 있다. 그것의 또 다른 단면이 신뢰 곧 믿음이다. 믿음의 씨앗은 정직이다. 저자는 정직한 사람이다. 물론 그도 생활인이기에 삶의 여비가 필요한 사람이다. 그러나 탐하지는 않을 것 같다. 그 탐이 또 곡절을 만들기 때문이다.

내가 추천사에서 추천하고 싶은 것은 책의 내용이 아니라 그에 대한 신뢰를 추천하고 싶어서이다. 책의 내용을 추천하는 것은 본래 그 책 내용에 대한 지적 성찰이 저자의 성찰과 비견하거나 넘어서야 하는 것이다. 그러나 나는 그렇지 못하다. 그러나 저자의 부탁을 거절할 수 없었다.

그래서 나는 이 책의 독자에게 믿음을 추천한다. 저자와 산삼에 대한 저자의 은혜에 대한 보답의 결심을 추천한다. 다시 한 번 저자와 산삼의 인연을 훈훈하게 바라보며 저자의 건강과 안녕을 바란다.

— 황금사과한의원장 한의사 박동수

(매선학회 학술이사, 피부미용학회 성형분과위원장 역임, 대한한방미용성형학회회장, (전) 미채움한의원원장, (현) 황금사과한의원원장)

■머리말

광풍으로 불던 산삼의 열풍은 언제부턴가 서서히 불신의 늪으로 빠져들기 시작하더니 이젠 헤어나기조차 힘든 더 깊숙한 불신의 늪으로 빠져 버렸다.

절실히 산삼을 먹고는 싶지만, 그리고 또 먹어야 하지만 불신의 깊은 수렁에 빠져 포기할 수밖에 없는 이 현실!

이유는 무엇일까!

십여 년 훨씬 이전부터 우리나라에 갑작스런 산삼의 열풍이 불면서 전국의 산은 온통 산삼을 찾는 이들로 인해 극심한 몸살을 앓아왔다.

인터넷과 SNS가 빠르게 확산되면서 산삼을 꼭 필요로 하는 사람들을 대상으로 한탕주의가 만연하고, 그 열풍은 언젠가는 터지고야 말 시한폭탄이 될 것이란 사실은 이미 짐작하고 있었다.

결국 온갖 반향을 일으킬 눈속임과 사실 왜곡 등의 부작용과 더불어 한때는 전국이 산삼에 관한 사기꾼들로 넘쳐났고, 최근 들어 인터넷의 쉽고 빠른 정보로 말미암아 그 중국산 장뇌의 실체가 어느 정도 밝혀지자 그들은 또다시 중국으로 눈을 돌렸다.

처음엔 한국산 산삼과 쉽게 구분되는 중국산 장뇌를 들여와 아픈 이들의 가슴을 더욱 아프게 만들더니 지금은 이 수법마저 더욱 교묘하게 진전되어 한국산 산삼과 구분이 쉽지 않은 중국산 장뇌를 다시 밀수입해 와 산삼시장을 더욱 교란하고 마침내 불신의 원인을 제공하는 상황의 연속이 되고 있다.

산삼이 곧 만병통치약이란 한국인들의 고정관념에서 시작된 산삼에 대한 맹신이 무너져 불신의 늪에 빠져 버린 상황이 쉽게 종식될 것 같지 않은 현실을 보면서 필자는 더 이상 방치해선 안 되겠다는 절박감에 사실을 근거한 내용으로, 이제는 더 이상 병마에 시달리며 절박한 삶을 살아가는 사람들이 사기꾼들에게 속아 또 한 번 우는 일이 없도록, 누구나 손쉽게 산삼을 감별하고 이해할 수 있는 '산삼 교과서' 역할을 할 수 있는 책 발간을 결심하게 되었다.

요즘 국내 일부 장뇌 농가들마저 잘못된 생각에 편승하여 이름만 그럴싸한 산삼 관련 협회를 몇 명이서 만들어 모두가 임원으로 활약하며 겉모양만 한국산 산삼과 비슷한 중국산 장뇌를 선별하여 국내로 들여와 장뇌 농장에서 몰래 재배하며 또다시 국내산이냐 중국산이냐며 진실게임을 벌이고 있는 것이 사실이다. 이는 참으로 오랜 기간 심혈을 기울여 정성을 담아 재배하는 정직한 장뇌 농가의 미래마저 위협하는 상황이 아닐 수 없다.

따라서 여기에 산삼의 실체와 효능, 산삼의 재활용법 등을 상세히 제시하는바, 한탕주의를 꿈꾸는 자들의 잘못된 소행으로 인해 더 이상 억울한 피해자가 발생되지 않고, 건강한 생활을 추구하기 위해, 또는 병마를 치료하기 위해 산삼을 복용하고자 하는 환우들에게 조금이라도 도움이 될 수 있기를 간절히 바라마지않는다.

만산홍엽이 시작되는 가을에

필자 이명식

Contents

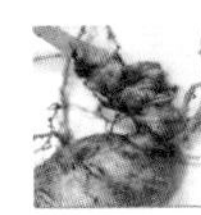

제1장

산행기

제2장

산삼의 허와 진실

제3장

좋은 산삼 고르기

제4장

산삼의 효능과 복용 방법

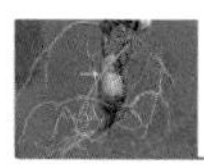

제5장

산삼의 구별과 감정

제1장

산행기

희귀성 난치병으로부터 탈출하기 위해 세계적인 명약초 산삼을 캐고자 전국의 산야를 떠돌며 겪게 되는 갖가지 흥미로운 에피소드들이 드라마틱하게 펼쳐지고 있다. 이야기를 통해 산삼의 자생 상태며 산지를 찾는 요령, 산행 시의 주의할 점 등을 자세히 알 수 있다.

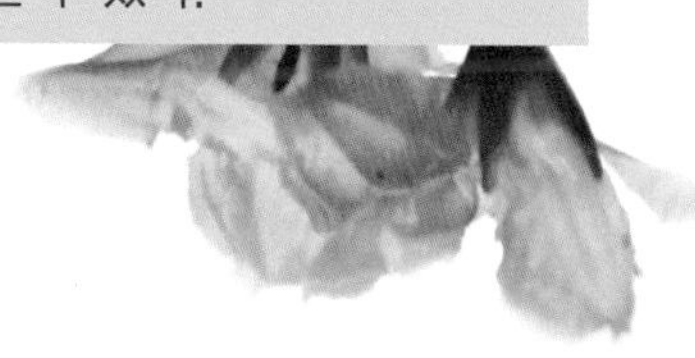

노랑어리연

산삼을 처음 접하며

몸의 컨디션이 예전 같지 않다. 오른쪽 팔이 따끔거리며 기분 나쁘게 아픈데, 어디에 찔리거나 부딪힌 적이 없음에도 불구하고 항상 따끔거리는 통증이 기분 나쁘게 하루 종일 이어진다.

주변의 정형외과로 찾아가 이유를 물었지만 속 시원한 대답을 들려주지 않는다. 그래서 속절없이 물리치료만 받아오는데 오른쪽 팔의 감각이 서서히 무뎌진다.

문득 이상한 생각이 들어 지방의 종합병원에서 머리 쪽 MRI를 촬영해 보기로 했다.

MRI 촬영 후 필름을 바라보던 담당의사는 고개를 갸우뚱하며 다시 한 번 혈관에 약물을 주입하고 찍어 보잔다.

느낌은 아주 좋지 않았지만 약물을 주입하고 재촬영을 했다.

"쿵쾅쿵쾅, 다다다……."

MRI 촬영 기계통 속에 들어가 아주 시끄러운 소리를 들어가며 40분 이상을 숨죽이고 움직이지 못한 채 재촬영에 응했다.

다시 나온 필름을 천천히 그리고 자세히 들여다보던 담당의사는 어떤 결심을 굳힌 듯 고개를 끄덕이며 말했다.

"저희 병원에서는 손을 못 댈 것 같고, 소견서를 한 장 써 드릴 테니 서울에 있는 큰 종합병원에 가 보세요."

너무도 당황스러운 나머지 도대체 그 이유가 뭐냐고 물으니 대답 대신 우선 가족부터 만나잔다.

아찔한 생각이 들어 의사에게 말했다.

"병명을 가족이 알아서 무엇 합니까? 당사자인 제가 알아야 대처를 할 수 있고, 가족들에게 고통을 안기고 싶지 않으니 우선 저에게 말씀해 주시죠."

그러자 의사는 필자의 얼굴을 한참 쳐다보다가 필름을 보이며 자세히 설명해 준다.

의사의 말을 듣고 나니 참으로 막막한 생각이 든다.

"암이 아니면 좋겠는데 이게 거슬린다."며 의사가 지휘봉으로 가리키는 곳을 바라보니 목뼈 속에 온갖 신경이 지나는 곳에 무슨 덩어리 같은 게 보인다.

설령 암이 아닌 다른 양성종양이라 해도 수술은 불가능한 곳이라서 막막하며, 자기 병원에서 손을 댈 수 없는 이유는 기술도 기술이려니와 장비가 전혀 준비되지 않았으니 서울의 큰 종합병원으로 가서 다시 정밀검사를 받아보고 나서 결정하는 게 좋겠다고 정중하게 알려준다.

'암이라!

병원을 나서자니 참으로 기가 막힌 생각이 든다.

'도대체 내가 무슨 죄를 지었기에 이런 병을 얻는단 말인가. 그나마 수술도 할 수 없는 곳에 저런 종양이 생기다니……. 게다가 암이 아니면 좋겠다고까지 말하니…….'

며칠 동안 잠을 설치며, 가족들에게 이야기를 하긴 해야겠는데 과연 뭐라고 이야기해야 하며, 이제 초등학교와 유치원에 다니는 셋이나 되는 자식들을 바라보니 깊은 한숨과 함께 '내 욕심만 채우려고 저렇게 셋씩이나 애들을 낳았나?' 하는 생각마저 든다.

'아내에게 미안하고 자식들에게 미안해서 이거 맘 편히 죽을 수도 없겠구나.'

겉으로는 아무렇지도 않은 것처럼 평소처럼 행동하고, 밤이면 아무것도 모른 채 천진난만하게 자고 있는 어린 자식들의 모습을 보고 있노라니 머지않아 닥쳐 올 죽음에 대한 두려움보다 애들에게 미안한 마음에 나도 모르게 눈시울이 뜨거워지면서 눈에 눈물

이 가득 고인다.

서울삼성병원에 예약하고 한 달여를 기다린 끝에 '가까스로 입원실이 나왔으니 오후 2시까지 입원하라'는 연락이 왔다.

대충 짐을 챙겨서 말로만 듣던 대한민국 최고의 서울삼성병원에 입원하니 이것도 복인가 싶다.

병실에 입원해 있는 다른 환자들과 며칠 동안 이런저런 이야기를 나누다 보니 불안한 마음보다는 오히려 초연한 생각이 든다.

죽음에 대한 두려움에 앞서 나로 인해 남겨진 자식들의 미래가 참으로 기구한 팔자구나 하는 생각과 함께, 요즘 같으면 하수구 신세를 못 면할 7형제 중의 늦둥이 막내로 태어난 내 나이 겨우 다섯 살에 중풍으로 고생하시다 세상을 떠나신 아버지도 아마 이런 생각을 하며 눈을 감으셨으리라 생각이 든다.

또 나의 청소년기에 세상을 떠나신 어머니도 남겨둔 막내아들 걱정에 눈도 감지 못하고 떠나셨는데, 천국에 가면 과연 그리운 부모님을 만날 수 있을까 하는 등의 온갖 생각에 젖다 보니 평소 잠이 많던 나는 하루 두세 시간 밖에 잠을 이룰 수가 없다.

죽음 앞에서 세상의 모든 욕심을 버리니 마음이 그렇게 평온할 수가 없고, 세상이 그렇게 아름다울 수가 없다.

지루한 검사와 병상 생활을 한 지 11일 만에 나온 결과가 뜻밖에도 지난번에 지방병원에서 진단받았던 암은 아니고 다른 병이 의심된다고 했다.

입원해서 MRI며 CT며 척수검사까지의 정밀검사 결과에 대해 담당의사가 브리핑하기를, 암은 오진이며 희귀성 난치병인 다발성경화증이 의심된다고 했다.

암 진단을 내렸었다는 말에 놀란 아내의 눈이 휘둥그레지더니 닭똥 같은 눈물이 뚝뚝 떨어진다. 사형선고와 다를 바 없는 암 진단을 받고도 어쩌면 그렇게 시치미를 떼고 태연하게 지낼 수 있었는지, 그런 나를 아마 미친놈처럼 생각하지 않았을까싶다. 아내 혼자만 세상에 남겨두고 어느 날 갑자기 나만 훌쩍 떠나 버리면 어린 자식 셋을 아내 혼자서 어떡하라고…….

하지만 당시 상황에선 절대로 사실대로 이야기할 수 없었다. 차라리 큰 병원에 가서 확실한 결과가 나오면 그때 얘기하는 것이 오히려 받아들이기가 편할 것 같았다.

한 달 가까이 '암일지도 모른다' 는 사실을 숨겨야 했던 필자도 실은 많은 고민을 했었다.

그리고 병원 처방으로 3일 간에 걸쳐 고농도 스테로이드를 주사액으로 맞고 나니 신기하게도 그동안 무뎌졌던 감각이 언제 그랬느냐는 듯이 곧바로 되살아나며, '이젠 살았구나!' 하는 안도감에 기분 좋게 퇴원하여 집으로 돌아왔다.

지방병원에서 암이 의심된다는 진단이 있고 나서 서울삼성병원에서 퇴원할 때까지 한 달 반 동안은 마음을 비우니 온 세상이 평온하게 보였다.

하지만 막상 다시 생활전선에 뛰어들고 보니 그동안 살아왔던 리듬은 모두 다 깨져 버렸고, 한 경쟁업체에서 내가 암에 걸렸다고 소문을 내고 돌아다니는 바람에 기막힌 일들이 벌어졌다.

그 소문으로 인해 그동안 절친하게 지내오던 사람들마저 갑자기 돌변하여 등을 돌리는 듯 보이고, 측은한 듯 바라보는 차가운 시선을 향해 나는 암이 아니라고 아무리 항변하여도 이미 영업은 뜻대로 되지 않았다.

모든 게 다 흩어지고, 시간이 지나니 그 피해는 엄청나서 오히려 비즈니스보다는 암이 아님을 해명하는 데 급급해야 했다.

정신적인 공황상태는 엄청났다. 나는 그 사태를 수습하는 데 전력을 다할 수밖에 없었고, 그야말로 세상의 냉정함을 가슴속 깊이 느꼈다. 물에 빠진 사람을 건져 주지는 못할망정 한쪽에서는 더 깊은 구렁텅이로 몰아넣고 또 다른 한쪽에서는 이미 사라져 갈 사람에게 정을 끊는 듯 냉정하기가 이를 데 없었다.

세상살이가 그랬다.

살아 있을 땐 서로 경쟁이고, 죽으면 장례식장엘 찾아와 부의금 몇 푼 내고 돌아서는 순간 곧바로 머릿속에서 지워 버리는 것이 우리네 세상살이가 아니던가.

그러던 어느 날 절친했던 친구가 갑자기 찾아와서는 산삼을 캤는데 한번 먹어보라고 권했다.

냉정하고 혹독한 세상에 정신적으로 피폐해지고 체력적으로도 힘들어 지푸라기라도 잡고 싶은 심정으로 힘든 생활을 겨우겨우 이어가고 있는 중에 산삼이라니…….

앞뒤 가릴 것 없이 꽤나 비싼 값에 산삼 세 뿌리를 사 가지고 집에 돌아오고 보니 나 혼자 먹는다는 것이 도저히 마음속에서 허락되지 않는다.

그동안 일찍 세상을 떠나신 부모님을 대신해 이만큼 키워 주시며 아버지 역할을 해 주신 형님께 먼저 좋은 것으로 한 뿌리 드시게 하고 나머지 두 뿌리는 정성을 다해 필자가 먹었다.

그 뒤로도 친구는 어찌된 일인지 거의 매일 산삼을 캤다며 계속해서 산삼을 사먹으라고 연락을 해 오곤 했다.

흰어리연

그럴 때마다 친구 집에 가서 보면 어떤 땐 산삼 수십 뿌리를 다발로 풀어놓으며 기분 좋게 한 뿌리씩 내게 주며 인심을 쓰곤 하는데, 그걸 보면서 나는 그가 산에서 직접 캐 오는 귀하디귀한 산삼이라는 사실이 도무지 믿기지 않았다.

그렇게 많은 산삼을 캐 오는 것이 신기하기도 했지만 쉽게 이해할 수 없는 상황이었다. 두세 달 동안 캐 온 산삼의 개수는 최소 몇 백 뿌리는 족히 되었고, 그 산삼의 대다수는 내가 사 먹고 나머지는 또 다른 사람들에게 소개해 주고는 했는데, 그로 인해 그 친구는 많은 수입을 올릴 수 있었다.

그 많은 산삼을 먹고 효과를 보았는지 이젠 일상생활을 하는 데 전혀 불편함이 없을 정도로 몸도 많이 회복되었다.

나는 그 친구에게 함께 산행을 하자고 졸라 간신히 산삼 산행에 한 번 동행할 수 있었다.

자기에게 큰 고객이었던 내가 직접 산삼을 캐서 먹을 경우 수입원이 막히게 되므로 내게 산삼에 대해 알려주기까지는 참으로 많은 고민을 하지 않았을까싶다. 다시 생각해 보면, 그 무덥던 늦여름에 올랐던 계룡산 자락 어느 야산에서 급히 나를 따돌리고 친구 일행만 산행을 했던 것은 다 그럴 만한 이유가 있었던 것이다.

그 해 두 번째 산행을 끝으로 마지막 산행에서 동행했던 다른 친구가 필자 바로 옆에서 "심봤다!"를 외쳤다.

그때 비로소 나는 산삼이 산에서 자라고 있는 모습을 처음으로 보았다. 또 나도 우연히 내가 서 있던 발 옆에서 한 뿌리를 발견하고는 난생 처음으로 산삼을 캐는 행운도 잡았다.

*산삼 씨앗(딸)

첫 산행

값이 만만치 않은 산삼을 계속해서 구입해 먹는다는 건 불가능한 일이었다. 몸이 아파 그 산삼 캐는 사람들과 1년여 동안을 가깝게 지내며 그들로부터 산삼을 자주 구입해 먹어 온 나는 그들한테서 들었던 이야기들과 가끔씩 그들과 동행했던 산행에서 익힌 정보로 이듬해엔 드디어 단독 산행을 감행했다.

당시 이미 10년 이상이나 난(蘭) 채취를 위해 산행을 해 왔기 때문에 산세를 읽는 것은 문제가 되지 않았다.

다만 그들이 이야기하던 '북쪽' 이란 말과 '계곡' 이란 말에 중점을 두고 논산 인근의 계룡산을 시작으로 첫 심 산행을 시작하였다.

요즘은 어느 산이나 산불 방지를 위해 임도(林道)를 개설해 놓았기 때문에 차량을 이용해 중턱까지 오르며 머릿속에 그려오던 곳을 찾아 오르게 되고 졸졸졸 흐르는 계곡 물길을 따라 두리번두리번 주변을 자세히 살피며 오르게 된다.

한 시간여의 산행에도 성과는 없고 가끔씩 나타나는 뱀에 놀라 더욱 조심스럽게 정상을 향해 천천히 올라갔다. 필자에게 산삼을 팔아오던 친구는 어젯밤에도 철석같이 약속해 놓고는 일부러 나를 배제한 채 다른 산으로 갔다.

그러나 나는 산삼에 대한 욕심을 버릴 수 없었다. 한두 푼 하는 산삼이 아니었기에 더 이상 돈을 주고 구입해 먹을 여력이 없었기 때문이다.

드디어 어느 한 곳에 도착하니 스치듯 지나치는 어떤 식물이 눈에 들어왔다. 그런데 그동안 그렇게 많이 보아오고 작년에 잠깐 산행에서 보았던 산삼을 알아볼 수가 없었다.

산속엔 진귀한 약초도 있었지만 천남성을 비롯하여 독초도 엄

청 많았다. 더구나 비슷한 식물인 노루오줌까지 널려 있으니 '이게 산삼이구나' 라고 단정 지을 수가 없어 한참을 망설이다 잎을 따서 씹어 보니 맛과 향이 진한 산삼이다. 그렇게도 꿈에 그리던 산삼이 바로 내 앞에 떠억 버티고 서 있었던 것이다.

우선 마음을 가라앉히고 그 자리에 주저앉아 담배를 꺼내 불을 붙이고 한 모금 쭈욱 빨며 가방에서 물병을 꺼내어 마셨다. 신중에 신중을 기하며 천천히 오르던 산을 바라보며 맛보는 그 기쁨이란 뭐라 말로 다 표현할 수가 없다. 그동안 들어 왔던 '산삼 주변엔 반드시 또 다른 산삼이 있다' 라는 이야기를 생각하며 천천히 두리번두리번 주변을 살펴보았다.

지금 생각해도 우스운 일은, 긴장 탓인지 모르지만, 방금 전에 보았던 산삼 바로 옆, 손가락 한 마디 정도의 바로 옆에 같은 크기의 또 다른 산삼이 있었는데 그 산삼은 눈에 안 보였다.

여기저기 전화를 해서 산삼 찾았다는 자랑을 하고 난 후 산삼 쪽을 향해 산신령께 삼배를 올렸다. 그러고 나서 정성스럽게 땅을 파헤치며 천천히 캐 들어갔다.

그때의 첫 산삼은 묘하게도 다져진 황토 속에 파묻혀 손가락 힘만으로는 잘 캐지지 않아 갈고리 도구를 이용해 흙을 파 들어가는데 두 뿌리 바로 옆에 또 똑같은 크기의 잠자던 면삼(眠蔘) 한 뿌리가 더 나왔다.

나는 모두 갈무리를 하고 나서 담배 한 가치의 맛을 음미하며 가방을 들쳐 메고 다시 또 정상을 향해 걸었다.

콧노래가 절로 나오고 덩실덩실 춤을 추고 싶은 감정을 만끽하며 으름덩굴이며 싸리군락을 헤치며 나가는데 뭔가 부스럭 소리가 나더니 주변이 난리가 났다. 시커먼 멧돼지 가족이 산 위로 도망가느라 일순간 전쟁터나 다름없는 폭동이 일어나고, 나도 모르게 머리끝이 솟구치는 듯한 느낌과 함께 비명소리가 터져 나왔다.

"으아악!"

일순간의 소용돌이가 지나고 다시 적막과 고요가 찾아들었을 때 나는 겁에 질려 땅바닥에 주저앉아 있는 나 자신을 발견하고 다시 한 번 놀랐다.

이런 상태에서 더 이상의 산행은 무리일 것 같아 뒤돌아 내려오는데, 몸은 산 아래로 향하고 눈은 또 다른 산삼을 찾고 있다.

그러다 보니 아까 산삼을 만났던 장소에 도착하고, 그래서 다시 주변을 살피고 있노라니 땅 속 여기저기에서 산삼이 톡톡 솟아오르는 듯한 착각에 빠진다.

주변을 자세히 살펴보니 자그마치 14뿌리나 되는 산삼이 주변에 산재해 있다!

그런데 아까는 그걸 못 보고 지나쳤던 것이다.

그리고 어린 산삼도 주변에 많이 보인다.

좀 전의 그 흥분을 까마득히 잊고 산삼을 만났던 그 기쁨 속에서 가방을 내려놓고 다시 한 번 물 한 모금과 담배 연기를 맛있게 들이켰다.

산행기 포인트

산삼은 반 음지식물이기 때문에 아침햇살이 잘 들고 오후 빛이 차단되는 북쪽으로 치우친 동북방향과 서북쪽에 주로 자생한다. 약간 경사진 물빠짐이 좋고 항상 습기가 있어 서늘한 곳에 주로 자생하며 산삼이 있는 곳에 주로 군락을 이루고 있다.

매년 같은 장소에서 산삼이 다시 발견되는 이유는 잠자는 삼 즉 면삼(眠蔘)이 있기 때문이다. 따라서 한번 산삼을 캔 곳은 '구광터' 라 하여 매년 반드시 확인해야 한다.

두 번째 산행

이제 어느 정도 산삼에 관한 산지나 습성을 파악했기에 자신감이 생겨 기회만 나면 산삼을 캐러 산에 오르게 된다.

내가 거주하던 논산, 금산, 공주, 부여 인근 지역에서는 오래 전부터 인삼 재배를 해 왔던 터라 계룡산자락 어느 산에 올라도 쉽게 산삼이 발견되었다.

평일이든 휴일이든 가리지 않고 운동 삼아 부담 없이 틈만 있으면 산에 오르는 게 습관이 되어 온 지 오래였던지라 며칠 전에 캔 산삼은 우리 가족이 골고루 나누어 먹었다.

토요일 오후, 그동안 서로 속마음을 털어놓고 지내던 논산대건고등학교 미술교사인 현태 형과 함께 산에 오르기로 했다.

누구든지 산삼을 캐자는데 거절할 이유는 없겠지만, 그렇다고 해서 아무하고나 동행할 수는 없는 일, 현태 형에게 함께 산행하자고 하니 흔쾌히 수락한다.

산삼을 캐려면 주로 뜨거운 여름에 산에 올라야 하기 때문에 혼자 산행하다가 작은 사고라도 발생하면 위험하므로 되도록이면 두 명 이상이 함께 산행해야 하며, 필히 서로 연락할 수 있는 비상

연락망을 만들어야 한다.

최소한 호루라기나 휴대폰을 가져가는 것은 필수이며, 전화가 불통되는 지역에서는 워키토키든 GPS기든 준비를 철저히 해야 한다.

또한 서로 일정거리를 유지하며 산행을 해야 하는데, 그래야만 한 계곡을 상세하게 살필 수 있다.

기본적인 준비물로는 뱀을 대비해 발목을 감쌀 수 있는 목이 길고 미끄럼에 강한 등산화와 얼린 물, 그리고 간단한 요기를 할 수 있는 음식이 필수다.

그리고 벌을 대비한 분무용 살충제, 모기와 초파리를 쫓을 수 있는 부채, 가시덤불을 헤치고 다닐 수 있는 튼튼한 나뭇가지나 갈고리, 방향을 볼 수 있는 나침반, 뱀으로부터 다리를 보호할 수 있는 보호구, 땀을 닦을 수 있는 수건, 그리고 벌레 물릴 것에 대비하여 긴 소매의 얇은 셔츠도 준비해야 한다.

이 모든 것은 최소한의 안전에 대비해 갖추어야 할 필수품들이다.

여름철 계곡은 항상 습기를 머금고 있기 때문에 바위나 기타 장애물들이 미끄러워 항상 조심해야 한다. 특히 비가 온 뒤의 산행에서는 주로 독사나 파충류 등을 조심해야 한다. 비 온 뒤 몸을 말리기 위해 나무 위에 올라가 몸을 도사리고 있는 경우가 많으므로 함부로 우거진 나뭇가지 등에 얼굴을 들이밀다간 큰 화를 당할 수 있으므로 주의해야 한다.

예전에 산삼을 캤던 주변부터 살펴보기로 하고 현태 형과 함께 그 주변을 천천히 훑어보기로 했다.

이제 6월 중순이니 산삼 잎의 크기도 커지고 이미 열매를 파랗게 달고 있어서 발견하기가 훨씬 수월하다. 이때의 산삼은 멀리서 바라봐도 다른 풀들에 비해 키가 크므로 발견하기가 가장 쉽다.

현태 형은 미술교사인 터라 역시 바라보는 시각 적응이 빨랐다. 사진으로만 봐 온 산삼을 한 뿌리 발견한 그는 흥분을 감추지 못하고 "심봤다!"를 목이 터져라 외쳐댄다.

아무리 먼저 그런 경험을 했던 나라 할지라도 지금의 그가 부럽기만 하다. 축하인사와 함께 몸을 단정히 하고 삼배를 올린 후 장갑을 끼고 산삼을 돋우기 위해 산삼에서 경사면 아래쪽 약 50센티 정도 떨어진 위치에서부터 조심조심 조금씩 뿌리의 시작 부분을 찾아간다.

산삼은 땅 속 깊숙이 뿌리를 내리는 게 아니라 지표면과 부엽토 사이에서 뿌리를 위쪽으로 뻗으며 자생하는데, 이 산삼은 땅 속 깊숙이 들어가도 뿌리의 시작점이 보이지 않는다.

이상하다 생각하여 산삼 줄기(줄)를 만져 보니 왠지 느낌이 이상하다. 묘한 생각이 들어 잠시 멈추고 서로의 얼굴을 바라보다가 줄기를 붙잡고 위로 쭈욱 잡아당겼다.

그런데 이게 웬일인가!

산삼이 아닌 오갈피나무였다.

오갈피나무는 산삼과 잎 모양이 너무도 닮아 있어서 구별하기가 쉽지 않은데 이번에 제대로 공부를 한 셈이다.

허공에 허탈한 웃음을 날리고 나서 우리는 이내 기분을 가다듬고 옆 계곡으로 들어가 아주 천천히 주위를 살피는데 발밑에서 '우우웅~' 하는 소리가 들린다. 아차 싶어 아래쪽을 바라보니, 아뿔싸! 벌떼가 시꺼멓게 날아오른다.

수백 마리의 벌 떼가 한꺼번에 날아오르니 더 이상 앞뒤 가릴 것 없이 아래로 도망치며 현태 형을 향해 "벌! 벌! 벌!" 하며 소리를 쳤지만, 그는 웬일인가 싶어 고개를 들며 "뭐? 뭐? 뭐라고?" 하며 필자를 바라보다가 그만 필자를 쫓던 벌떼의 선두 공격진에 한 방 그대로 쏘였다.

그 순간 그는 '앗 따가워!' 하고 비명을 지르며 재빨리 그 자리에 납작 엎드린다.

나는 있는 힘을 다해 뛰어 내려가며 가방에서 분무 형 살충제를 꺼내어 쫓아오는 벌떼를 향해 '치이익~' 하고 뿌려대니 벌떼는 그대로 유턴하여 걸음아 날 살려라 하며 되돌아간다.

분무기를 손에 쥐고 살금살금 현태 형이 쓰러진 곳으로 다가가니 벌떼들은 벌집 근방에서 우왕좌왕만 할 뿐 이미 공격성은 사라지고 없었다.

기가 막힌 것은, 이런 긴급 상황에서도 현태 형은 엎드린 채 주변을 살피며 산삼을 찾고 있었던 것이다.

"어이, 이사장! 당신 뒤에 보이는 게 산삼 아녀?"

"뭐요?"

"당신 바로 뒤에 보이는 게 산삼 같은데……."

이거야 참! 이 정도라면 뭐라고 할 말이 없다.

아주 굵은 느티나무 아래에 산삼 여섯 뿌리가 한 평 남짓한 넓이에서 사이좋게 이웃을 하고 있다.

이걸 보고 전화위복이라 하는 것인가?

다시 산신령께 마음속으로, '이번엔 진짜로 산삼을 보게 해주어 감사드린다.' 라며 삼배를 하고, '이 산삼은 꼭 필요한 분에게 주어 고맙게 사용하겠다.' 고 마음속으로 다짐하고는 장갑을 낀 후 혹시라도 뿌리 한 가닥이라도 다칠세라 조심조심 잘 마무리하였다.

여섯 뿌리를 모두 캐고 난 우리 두 사람은 벌에 쏘여 그야말로

*3구산삼

눈탱이가 밤탱이가 되도록 퉁퉁 부어 있었지만 기분 좋게 하산하였다. 그러고는 어김없이 산삼을 1/n로 나눈 후 기분 좋게 삼겹살에 소주 한 잔으로 하루를 마무리했다.

산행기 포인트

산행 시의 주의사항으로 여름 산행은 뜨겁고 후텁지근하여 고혈압 환자나 심장병 환자의 경우 극히 위험하다. 또 겨울 산행과 달리 숲이 우거져 길을 잃기 쉬우므로 단독 산행은 금물이다. 길을 잃고 낙오되어도 서로 연락할 수 있도록 호루라기나 휴대폰 등의 소지는 필수다. 주로 산삼 산지의 땅 속에 무리지어 사는 야생벌의 위험에서 벗어나려면 필요할 때 언제나 손쉽게 뽑아 쓸 수 있도록 반드시 배낭 옆구리에 분무용 살충제를 소지하고 다녀야 한다.

이른 봄의 산삼 산행기 1

만물이 소생한다고 하였던가?

지면 위로 아른아른 아지랑이가 피어오르고 길가엔 겨우내 누렇게 메말랐던 들풀들 사이사이로 푸른 새싹이 용트림을 하며 봄의 향연이 시작되고, 이럴 즈음이면 언젠가부터 우리 곁에서 멀어져 버린 종다리 울음소리가 귓가에 들리는 듯하다.

북풍한설 휘몰아치는 한겨울에도 푸르름을 간직한 채 서릿발이 한 뼘을 올라서도 꿋꿋이 버텨내고 한여름의 주식으로 어릴 적 허기진 배를 달래 주던 보리들도 이제는 날개를 달았다.

개나리가 만발하고 그 노란 빛이 퇴색해질 즈음이면 괴나리봇짐 등에 짊어지고 땅 위로 힘차게 솟아오른 쑥이며 냉이를 뒤로 하고 봄을 맞아 고사리처럼 뾰족이 솟아오른 산삼이며 더덕 등을 찾는 이들로 전국의 산지가 떠들썩하게 된다.

5월이면 웬만한 산삼들은 이미 긴긴 겨울잠에서 깨어나 기지개를 켜게 되는데, 새 봄을 맞아 당당한 모습으로 서 있는 고사리 같은 산삼을 보면 가슴이 철썩 내려앉으며 흥분을 감추지 못하게 된다.

땅 위로 갓 올라온 산삼의 새싹들을 보노라면 우아한 진녹색으로 채 물들기도 전에 강제로 끌려나온 애처로운 모습처럼 가슴 한 구석이 찡한 느낌을 받기도 한다.

봄에 발견되는 산삼은 겨우내 땅속에서 움츠리고 있다가 모든 에너지를 모아 살기 위해 싹을 밀어 올리다보니 가을산삼에 비해 이때 채취한 산삼이 약성 면에서 뛰어날 것으로 생각된다.

이때가 되면 전국의 심마니들은 너도나도 산에 올라 작년에 남몰래 발견해 둔 구광터에 흔적이라도 있는지 살피며, 혹시 누가 와서 볼세라 흔적을 남기지 않으려고 조심조심 밟아가며 봄볕의 따스함을 마음껏 즐기게 된다.

작년에 심을 보았던 구광터에 다다르니 몸에 소름이 돋고 가슴이 두근거리며 흥분을 감출 수가 없다.

작년에 이 자리에서 산삼 세 뿌리를 만났고, 4구 두 뿌리에 3구 한 뿌리, 그리고 이제 막 씨가 떨어져서 산삼의 모습을 갖추어 가는 5행짜리 어린 싹을 수십 개나 보았었다. 남들이 쉽게 알아보지 못하도록 조심스럽게 이파리 두세 장씩을 잘라 변형시켜 놓은 채 하산하였기에 도저히 궁금해서 참을 수가 없었다. 오늘 산행을 시작하기 전부터 이 자리에 오기로 마음먹었던 터라서 더욱 궁금했다.

아름드리나무 아래의 조용한 구광터에 도착하자 시원한 봄바람이 불어오는데 혹시 세찬 바람에 잎이라도 다칠세라 나무를 휘익 감아 도는 것이 마치 나를 환영이라도 하는 느낌이다.

올봄엔 유난히 황사가 심할 것이라고 매스컴에서 이야기하는데 제발 오염된 물질일랑 모두 저 먼 바다에 떨쳐버리고 이 땅엔 깨끗

하고 좋은 기운만 몰고 왔으면 좋겠다.

혹시 발자국소리에 놀라 작은 새라도 푸드득 날아갈까 봐 조심스럽게, 또 올라오던 새싹의 목이라도 부러질까 봐 발밑을 조심하며 세세히 살피자니 여기저기서 오행짜리 산삼들이 하나씩 어여쁜 모습으로 빼꼼히 고개를 내밀고 있다.

순간, 반가운 마음에 나도 모르게 담배 한 가치를 꺼내어 입에 물었다.

언제부턴가 나는 봄이 되면 누구보다 빨리 산삼을 보고 싶은 마음에 이렇게 남몰래 숨겨둔 구광터를 돌아다니며 봄을 즐기는 게 또 하나의 기쁨이 되었다.

자세히 살펴보니 작년에 보이지 않던 산삼이 몇 뿌리 돋아나 고개를 들고 있다. 나는 그 중에서 쓸 만한 놈 두 뿌리를 채심 후 다시 변형시켜 놓았다.

이만하면 오늘 산에 힘들게 오른 보상은 충분히 받았기에 산신령께 정성들여 삼배를 올린 후 하산해야겠다.

"산신령님이시여! 오늘 산에 올라 이렇게 힘차게 솟아오르는 산삼의 어린 싹을 무수히 보았고 다행히도 잠자던 서너 뿌리의 산삼을 보게 해주심에 감사를 드립니다. 다음에 다시 병들어 고생하는 어떤 이가 산삼을 필요로 할 때 이 자리에 찾아와 정성껏 채심하여 좋은 일에 쓰겠사오니 허락하여 주시길 간절히 비나이다."

담배를 향불 삼아 세 번 절하고 난 후 담뱃불이 다 꺼질 즈음 다녀 간 흔적을 없애기 위해 담배꽁초 하나도 떨어뜨리지 않고 하산하는데 기쁨에 찬 나머지 콧노래가 절로 나온다.

"봄이 오면 산에 들에 진달래 피고
진달래 피는 곳에 내 마음도 피어
건너 마을 젊은 처자 꽃 따러 오거든
꽃만 말고 이 마음도 함께 따 가주."

산삼을 봄에 캐면 보관하기가 용이치 않아 괜히 욕심 부리고 채심하여 가져와 봤자 썩혀 버릴 가능성이 더 많기 때문에 그 자리에 그냥 변형시켜 놓고 왔지만, 그래도 꼭 필요한 사람의 눈에 띄어 좋은 곳에 쓰인다면 그 또한 좋은 일이 아니겠는가.

이래저래 오늘은 기분 좋은 산행이니 돌아오는 발걸음이 가볍고 홍겹기만 하다.

산행기 포인트

산행 중에 산삼을 한 번 발견하게 되면 그 장소에서 매년 다시 산삼이 발견되곤 하는데 그런 장소를 '구광터'라고 한다. 따라서 심마니들은 자기의 구광터를 철저히 비밀에 부치고 매년 관리한다. 물론 이전에 있던 산삼에서 씨가 떨어져 새로운 싹이 나오기도 하지만 여러 가지 환경이나 조건이 맞지 않으면 싹을 올리지 않고 잠을 자는 면삼이 있기 때문에 철저한 관리가 필요하다.

이른 봄의 산삼 산행기 2

금요일 늦은 밤, 휴대전화에서 신나는 음악의 컬러링 벨이 울리며 밤의 적막을 깬다.

"내일 휴일인데 어디 갈 만한 데 있나요?"

서울의 모 대학교에 행정직으로 근무하는 분이 계시는데, 이분은 몇 년 전 인터넷 사이트에서 만나 '산삼과 난'이라는 동호회를 만들어 1년에 최소한 100일 이상을 나와 함께 이 산 저 산을 다니

며 취미생활로 산삼과 난을 채취해 온 분이다.

부부동반은 물론 가끔은 윤식이 삼식이까지 함께 잠을 자기도 하며 우의를 돈독히 해 온 사이다 보니 이렇게 늦은 밤에도 스스럼없이 전화하며 속내를 모두 드러내놓고 이야기하곤 한다.

처음에 난을 취미로 만난 사이였고 산삼에 대한 취미는 그 후에 얻은 부차적인 것에 불과했는데, 9월 말부터 이듬해 3월 말까지 난 철이 끝나면 이어서 산삼을 함께 보러 다니곤 했었다.

은방울꽃

같은 대학교에 근무하는 주변 분들과 더불어 주로 서울에서 내려오는 인터넷 동호회 회원들 중의 대다수는 그 분의 소개로 알게 된 사이였으므로 산행을 할 때는 항상 혼자가 아닌 대여섯 명이 아톰호의 스타렉스 승합차에 합승하곤 하는데 이분이 산행 길잡이 역할을 한다.

"글쎄, 생각해 놓은 산은 없지만 난 철은 이미 지났으니 심이나 보러 가시죠. 오라는 데는 없어도 갈 데는 많으니 걱정하지 말고 내려오시지요."

내가 경영하던 서점도 신학기가 거의 지났으니 오랜만에 머리도 식힐 겸 토요일부터 이틀간 산행 목적으로 내려와 숙박 계획을 세우고 내려오시라고 이른 뒤 하루 일과를 마쳤다.

이튿날 아침이 되자 이른 새벽부터 용인에서 출발하여 아침 8시에 도착한 윤식이를 포함한 여섯 명이 인근 뚝배기 해장국집에서 간단히 아침식사를 하였다.

식사를 마치고 나서 오늘의 산지를 상의하고 그 산지의 포인트와 이동 방법, 그리고 다음의 두 번째 산지로 이동하는 방법을 설명하였다.

불과 5일 전에 헤어졌지만 그동안 못다 한 이야기들을 마치 초등학생처럼 농담을 주고받으며 우리는 재미있는 추억 만들기 산행을 시작했다.

이 산지의 특성은 그리 높지 않은 산이기는 하나 산에 들어서면 마치 일부러 파놓은 것처럼 계곡이 여기저기 수많은 갈래로 갈라져 계곡마다 모두 산지였다.

이미 3년 전부터 현태 형과 엄청난 수확을 올렸던 산지로, 올 때마다 빈손으로 내려와 본 적이 없는 어느 초등학교의 뒷산이었다. 주변엔 오래 전 내가 초등학교를 다니던 시절부터 인삼 농사가 성행하였던 곳으로 오늘 역시 절대로 실망을 주지 않으리라 확신한다.

우리는 가족묘가 있는 산의 중심지역에서 천천히 옷을 갈아입고 이미 꽃이 벌어져 향기를 품기 시작하는 아카시아 향을 맡으며 즐겁게 산행을 시작하였다.

일행 중에 꽃가루 알레르기가 있는 둘리님의 연속적인 기침소리와 다 큰 사람이 콧물을 줄줄 흘리는 모습이 우스꽝스러워 둘리가 아닌 '돌아온 둘리' 에서 그나마 한 가지 더 아이디를 만든다면 '코 흘리게 둘리' 로 하면 어떠냐는 일행 중 한 사람의 제안으로 한바탕 웃음을 토해 내며 일제히 본인들이 생각한 산속으로 뿔뿔이 흩어져 사라져간다.

일행 중에는 산행이 처음인 사람도 있지만 나는 몇 년에 걸쳐 수십 차례, 그리고 아톰님과 둘리님은 10여 차례 다녀간 산지였다.

그러다 보니 그 산지의 구광터를 훤히 꿰뚫고 있어서 산행 시작 10분 만에 벌써부터 여기저기서 "심봤다!" 를 외치는 소리가 들려왔다.

다시 여기저기서 왁자지껄 시끄러워지며 조용했던 산속이 야구장에 홈런 한 방이 터진 듯한 느낌이 들 정도로 웃고 떠들고 소리치는 모습이 재미있어 가까이 다가가 보니 구광터에 먼저 도착한 아톰님이 산삼 몇 뿌리를 발견하고 주변을 정리하는 사이, 뒤따라온 일행이 아톰님의 발뒤꿈치에 서 있는 산삼을 발견하고는 아톰님에게 꼼짝 말고 그대로 서 있으라고 소리치며 일대 소동을 일으켰던 것이다.

심마니들의 룰을 따지자면 독메로 발견했던 산삼으로부터 반경 10미터 이내에 있는 산삼은 먼저 발견한 사람의 소유이며, 따라서 먼저 발견한 사람이 미처 발견하지 못했다 하더라도 그곳의 산삼을 다른 사람이 손을 대서는 안 된다.

이런 때는 먼저 발견한 사람이 그 산삼을 모두 채심 후 허락을 하면 그때 다른 사람이 캐게 되어 있으나 동호회에서의 룰은 원앙메로 나눔이 먼저이기에 먼저 발견한 사람이 모두 다 캔다 하더라도 나중에 똑같이 나누자는 룰이 만들어져 있으므로 누가 먼저 발견해서 캐든 간에 서로 시기하거나 다투는 일 없이 모두가 내가 캔 것이나 마찬가지로 함께 박수치며 기뻐하게 된다.

이런 재미있는 현상은 자주 일어나는 일상적인 모습인데, 이처럼 한바탕 소란이 인 후 또다시 입을 다문 채 눈동자를 상하좌우로 돌리며 사주경계를 철저히 하며 조용히 산삼 찾기에 집중하는 모습은 마치 최전방 수색대의 수색조가 초긴장 상태에서 조용히 그

리고 철저히 경계를 하는 모습과도 흡사하다.

그때 갑자기 휴대폰이 신나는 음악소리로 요란하게 울렸다. 회원 중의 한 사람이 오늘 산행을 하고 싶었는데 개인적인 일로 참석하지 못했고, 그가 지금 종로에 나왔는데 산행을 같이하지 못해 아쉽다는 말에 장난기가 발동한 내가, 현재 발견된 산삼이 모두 30여 뿌리가 넘을 것이라며 은근히 약을 올리자 그쪽에서 하는 말이, 일을 모두 제쳐두고 지금 출발한다며 "제가 논산에 도착하면 전화드리지요." 하고는 일방적으로 전화를 끊어버린다. 욕심은 나겠지만 오기는 쉽지 않을 것이라며 약을 올린 게 제대로 약발을 좀 받은 것 같다.

이렇게 서로 장군 멍군 하는 식으로 전화하다가 끊었지만 나를 놀려주기 위해 농담으로 그랬을 것이라 생각하고 입가에 미소를 띠며 뒤로 돌아서는데, 아뿔싸, 이게 웬일인가!

2~3년 동안 이 자리에서는 단 한 뿌리의 산삼도 보지 못했고 잡초만 무성하던 곳인데 웬 오갈피 군락이 생성되어 있다.

그런데 자세히 보니 오갈피나무가 아니다.

'이게 꿈인가, 생시인가?'

다시 한 번 정신을 가다듬고 자세히 살펴보니 분명 산삼이 맞다!

그런데 도무지 이해가 안 되는 것은 도대체 한두 뿌리도 아니고 그동안 단 한 뿌리도 보이지 않던 산삼이 갑자기 하늘에서 떨어진 건지, 아니면 땅에서 솟은 건지!

맞다! 이건 분명 땅에서 솟은 게 맞다!

'그나저나 이 많은 걸 언제 다 캐지?"

일단 그 자리에 쭈그리고 앉아 담배 한 가치를 입에 문 후 불을 붙여 맛있게 폐 속 깊이 빨아들인 다음 푸우 하고 다시 연기를 내뱉은 뒤에 전화기를 꺼내어 일행 중의 한 사람을 급히 찾았다.

"지금 어디세요?"

"지금 산 너머에 와 있어요."

"몇 뿌리나 보셨나요?"

"아니요, 아까 본 게 전부이고, 전 그 중에서 두 뿌리 챙겼어요."

"혼자 캐긴 힘들 것 같아서요. 오늘 우리 둘이 이 산삼 다 캐 가지고 집으로 튈까요?"

"다른 일행들은 어쩌구요?"

"뭐, 택시 타고 오든 뭐하든 알아서 하겠죠."

"근데 몇 뿌리나 봤기에 그러세요?"

"아따, 어차피 두 사람이 나눌 거 나 혼자만 노동하기 싫으니 얼른 이곳으로 넘어 오세요. 능선에 도착하면 소리를 지르세요."

"일단 알겠어요."

좋은 산삼은 아니지만 오늘은 이 산삼으로 백숙이나 끓여 먹어야겠다고 마음먹고 일행이 합류한 후 이 산을 호령하시는 산신령께 삼배로 정성들여 코가 땅에 박히도록 기쁨의 인사를 드린 후 한 뿌리 한 뿌리 정성들여 둘이서 약 30분 동안 채심하고 주변을 흔적 없이 마무리했다. 그러고는 다시 한 번 담배에 불을 붙여 깊게 빨아들이니 꿀맛이 따로 없다.

잠시 이 상황은 둘만의 비밀에 부치기로 하고 다른 일행들을 불러 모아 놓고 말했다.

“오늘은 목표 이상으로 산삼을 많이 캤고, 이젠 더 이상의 산행도 지겹고 하니 고사리나 꺾으러 가십시다.”

그러자 다른 일행들은 의아해 하며 “그럽시다.” 하고는 마지못해 산을 따라 내려왔다.

산삼을 만났던 상황을 감쪽같이 속이고는 다른 산지에 도착하기 전에 길가의 풍차가 있는 식당에 들려 점심식사로 삼겹살을 맛있게 구워 먹었다.

의아해 하는 회원들에게 저녁때까지는 절대로 입 밖에 내지 말자고 스스로 했던 약속을 도저히 입이 근질거려 참을 수가 없었다.

그래서 마침내 실토하고야 말았다. 그 산에서 심을 좀 많이 봤는데 보여 드릴 수는 없다고, 그러니 이따가 보자고. 그러고는 다시 그동안 궁금해 하던 산지를 찾았다.

작은 시냇물이 흐르고 있는 그곳 산지로 가서 고사리며 취나물 등을 채취하며 산삼을 찾아보았지만 이미 여러해 전부터 누군가에 의해 철저히 관리되어 왔는지 단 한 뿌리의 오행짜리마저 구경할 수가 없었다.

그때 원 없이 산나물을 채취하였는데, 일행 중의 한 사람은 제사 때 쓸 거라며 가방 한가득 고사리를 꺾어 배낭이 꽉 찼고, 대부분의 회원들은 취나물이며 더러는 더덕도 캐며 계속 산행 중인 일행들도 있었지만, 일찌감치 소기의 목적을 달성한 나는 유유자적하며 산 밑에서 빈들빈들 돌아다니고 있었다.

그때 전화벨이 경쾌하게 울렸다.

"지금 서논산 톨게이트로 나왔는데 어디로 가면 됩니까?"

아차, 이거 큰일이다! 여기서 서논산 톨게이트까지의 거리도 만만치 않고, 길도 모르는 사람한테 여기까지 찾아오라고 하는 것도 무리이고, 찾아오는 길이 복잡해서 말로 어떻게 설명하기도 쉽지 않다.

"젠장, 오전에 내가 너무 많이 약을 올렸나 보다."

그다지 좋은 산삼은 아니지만 떼 심밭을 만나지 않았으면 또 어쩔 뻔했나.

아무튼 중간지점에 약속장소를 정해 그리로 오라 하고 차를 타고 30분 만에 중간지점에서 만났다.

그에게 물었다.

"아까 내 전화가 그렇게 약이 오르던가요?"

그러자 그가 하는 말이, 그렇잖아도 아침부터 싱숭생숭해서 일손이 안 잡혀 전화를 걸었는데, 30뿌리를 캤느니, 누가 얼마나 캤느니 하는 말을 들으니까 갑자기, '백 년도 못 사는 인생, 이렇게 아등바등하며 살면 뭘 하나.' 하는 생각에 자신도 모르게 자신에게 화가 나서 모든 약속 다 뒤로 미루고 내려왔단다.

그 용기도 가상하지만 아무튼 반가워, "오늘 저녁은 어디 한번 코가 삐뚤어지도록 함께 마셔 봅시다." 하며 일행이 기다리는 산지로 다시 돌아왔다.

산행을 마친 일행은 모두 냇가에서 벌겋게 훌러덩 벗고는 까칠까칠한 시커먼 털과 크고 작은 고추들을 야심차게 내놓고 몸을 씻

고 있었다. 산행 중에 흘린 땀으로 땀 냄새가 범벅이 되어 씻고 있는 모습 가운데는 아직 날씨가 좀 쌀쌀해 차가운 물에 바짝 쪼그라들어 시커먼 털에 고추가 푹 파묻힌 사람, 털 밖으로 소시지를 길게 덜렁덜렁 매달고 있는 사람, 풋고추에서 빨갛게 익은 고추에 이르기까지, 마치 푸줏간에 매달린 거시기처럼 빨건 모습이 아주 장관이다.

아내에게 전화를 걸어 토종닭 세 마리만 사다가 산삼백숙 끓일 준비 좀 해놓으라고 일러 놓고 우리 집에 도착하니 오후 다섯 시가 넘었다.

나는 산삼백숙을 여러 차례 먹어 보았지만 산삼으로 백숙을 처음 끓여 먹어 본 사람들은 대체로 '그 맛이 황홀하다' 는 이야기가 공통적이고, 감히 상상도 못 할 산삼백숙은 우선 맛보다는 산삼이라는 말에 그냥 흠뻑 빠져들고 말게 된다.

'산삼백숙에 산삼주를 마셔 보자.'

어떤가, 말만 들어도 황홀하지 않은가?

여름 산행기 1

그동안 삼복더위로 말미암아 미뤄 왔던 산행을 오랜만에 감행키로 미리 현태 형과 날짜를 잡아 약속했다.

오전 10시였지만 아직도 30도를 넘는 무더위와 어제 내린 소나기로 인해 땅이 푹 젖어 있고 공중 습도가 높아 그야말로 푹푹 삶는 찜통더위가 보통 날씨가 아니다. 승용차 안에서 에어컨 바람을 쏘이다 차문을 열면 후욱 하고 뜨거운 열기가 몰려들면서 온몸에는 땀이 주체할 수 없이 흐르기 시작한다.

이런 날씨가 될 줄 예상치 못하고 저 높은 대둔산 꼭대기 쪽으로 올라가기로 했는데 오늘은 차라리 현태 형과의 약속이 깨졌으면 좋겠다는 생각마저 든다. 그래서 은근히 약속이 깨졌으면 하는 마음으로 전화를 걸었다.

"형, 산에 가야지요?"

"당연하지! 그런데 오늘 날씨가 무진장 덥네! 그나저나 몸도 시원치 않은 사람이 오늘 같은 날에 산행할 수 있겠어? 이거 무리하는 거 아냐?"

"매일 다니는 산인데요, 뭘! 푹푹 삶기는 해도 산속에 들어가면 시원해질 것이고, 어차피 약속한 것이니까 한번 강행해 봅시다."

그렇잖아도 바싹 마른 체구인 데다 한여름에 산에 다니느라 거의 날마다 땀으로 육수까지 짜내니 피골이 상접해진 지 이미 오래다. 그래도 온몸은 산에 다니며 다져져서 다리엔 어설프게나마 근육이 울퉁불퉁해 보인다.

냉장고의 냉동실에 밤새 얼려 놓은 음료수 피이티 병들은 이미 돌처럼 빳빳하게 굳어 있고, 냉장고에서 냉수와 매실음료를 꺼내어 배낭 속에 넣고 짊어지니 등이 아주 시원해서 베리 굿이다.

간단한 요깃거리로 김밥이 좋겠지만 이런 무더운 여름엔 아무래도 쉽게 상할 테니 빵을 좀 넣고 서서히 산에 오르기 시작했다.

한 시간쯤 올랐을까! 현태 형이 소리친다.

"어이! 여기 심봤네!"

"몇 뿌리요?"

이젠 목에 힘도 안 주고 심을 봤단다.

"응! 가족 삼인데 한 삼십 뿌리는 되어 보이네. 오늘은 대전에서 형

제들을 만나기로 했는데 잘됐네 그려!'

산행을 하면서 우리 둘만의 불문율은 누가 몇 뿌리를 캐든 간에 모두 모아놓고 둘이 똑같이 나누기로 했기에 오늘도 최소한 15뿌리는 확보되었다.

천천히 담배 한 대씩을 나눠 피우고는 산신령께 정성스럽게 삼배를 올린 후 한 뿌리씩 캐내어 마무리를 하며 자세히 뿌리를 살펴보니 6구, 5구, 4구 등 제법 뿌리가 굵다. 이 중에서도 6구짜리 산삼을 '만달' 이라 한다.

그동안 흔히 200년은 족히 되었다고 전해 들었으나 그동안 먹어본 바로는 의외로 6구 산삼과 5구 산삼을 먹을 때는 산삼 향이 비린내가 섞여 나는 걸로 보아 그리 오래 된 것은 아닌 것 같았다. 특징으로는 산삼의 줄기[죽]가 굵고 키가 크며 뿌리 또한 대부분 희뿌옇다.

그동안 나는 어른 주먹보다 큰 산삼도 캐 보았고 인삼 5년 근보다 더 굵은 산삼도 캐 보았는데, 이런 산삼의 특징은 뇌두의 모양이 우렁이 같고 어른의 엄지손톱만큼이나 크지만 먹어 보면 배만 부를 뿐 효과는 잘 모르겠다.

그 가족 산삼 중에는 4구, 3구짜리 산삼에서 비로소 뇌두가 좀 가늘어진 2대 산삼의 모양을 갖추고 줄기의 크기도 제법 짧아져 있는 산삼도 혼재해 있다.

천천히 마무리를 한 후 자리를 눈 여겨 보고 다시 산삼이 있을 만한, 바람이 잘 통하고 습기가 있으며 물 빠짐이 좋은 곳을 찾아 조금씩 정상을 향해 오르는데 눈앞에 아주 오래된 썩은 나무 그루

터기가 보인다.

나무가 썩어 넘어지긴 했어도 이곳은 산삼이 있는 명당자리인지라 우리 두 사람은 가방을 내려놓고 청미래덩굴이 늘어져 있는 가시덤불 속으로, 싸리나무 속으로 여기저기 기웃기웃하는데 이미 오래 전에 누군가가 다녀간 흔적이 보인다.

더욱 흥분되어 자세히 살피는데 5행짜리 잎이 두 개 보이고, 아무래도 잎이 크고 줄기가 제법 굵은 것이 고개가 갸우뚱해진다. 하지만 일단 사람이 다녀간 흔적을 보았으니 좀 더 자세히 살피고 있는데 눈앞에 잎의 색이 유난히 연하고 씨앗도 세 개 달렸던 흔적이 있는 3구짜리 산삼 한 뿌리가 쓰러진 나무 밑에서 간신히 기어 나와 있다.

너무 작은 나머지 나는 힘이 빠진 목소리로 말했다.

"형, 여기 또 한 뿌리 있는데 너무 작아 보이네요. 아마 누군가가 오래 전에 다녀가면서 싹쓸이를 했나 봅니다."

더 자세히 주변을 살펴보니 오래 전 산삼을 캤던 흔적이 두세 군데 눈에 띈다.

"어쨌든 산삼을 보았으니 일단 돋우어 봅시다."

다시 경건한 마음으로 차분하게 먼저 산신령께 삼배한 후 장갑을 끼고 천천히 3구짜리 산삼을 돋우기 시작했다.

산삼이 너무 작아 싹대 가까이서 파들어 가니, '아니 이게 뭐야!' 실뿌리가 모두 정리된 상태 같은데 뿌리가 아닌 뇌두만 보인다.

마음을 진정시키고 싹대에서 다시 20~30센티미터 아래로 멀리 잡아 천천히 돋우기 시작하는데, 조금 전에 본 것은 몸통이 아닌

가늘고 긴 뇌두에 이어서 긴 턱수가 가늘고 길게 옥주가 만들어져 있고 누런색 몸통에 짜글짜글 주름이 들어 있는 것이 예사 산삼이 아닌 것 같다.

그래서 돋우기를 멈추고 무너진 나무를 둘이 간신히 옆으로 치우고 부엽을 헤쳐 보니 뿌리의 크기는 새끼손가락보다 가늘고 뇌두의 모양도 가늘고 긴 상태인데 반해 뇌두도 우렁이 모양이 아니고 매끈하다.

좁쌀 같은 혹이 수십 개나 돌아가며 붙어 있고 황금색 빛깔을 띠고 있는 것으로 보아 '드디어 오늘 대물을 만났구나!' 하는 생각에 더 이상의 작업을 중단하고 두 사람은 잠시 흥분을 가라앉히기 위해 담배 한 대씩을 입에 물고 불을 붙였다.

다시 처음부터 땅을 고르며 실뿌리 하나 다치지 않게 조심조심 마무리하며 잘 캐내어 보니 뿌리는 한 가닥으로 잔뿌리가 전혀 없고 전체 몸길이가 약 50센티미터 정도 되었으며 중간 중간에 옥주가 많이 달려 있는 것이 드디어 오랜만에 또 그토록 갈망하던 진품 지종산삼을 만나게 되었음을 알게 되었다.

또한 역시 잎이 유난히 연한 색이었던 두 개의 5행짜리 산삼도 같은 모양을 하고 있었다. 이들은 미가 많이 잘린 흔적으로 보아 면삼으로 족히 10년 이상은 지난 것 같았는데 지금 생각해 보면 적어도 나이가 50살 정도는 족히 되었을 것으로 보인다.

정상의 8부에서 이런 대물을 만나 한쪽에 세 뿌리를 가지런히 놓고 다시 한 번 담배를 향불 삼아 시원한 음료수 한 잔에 빵을 올려놓고 산신령께 정중하게 삼배를 올렸다.

현태 형과 둘이서 나란히 바위 위에 올라앉아 담배를 한 대 또 피우며 멀리 산 아래를 바라보니 그저 평범한 농촌 풍경이 오늘 따라 그렇게 아름다울 수가 없다. 아직 시간은 충분했지만 대물을 만난 흥분된 마음을 억누를 수 없어 더 이상의 산행은 불가능할 것 같았다.

기쁨에 겨운 나머지 하산하면 마음껏 한잔 하며 푹 쉬고 싶었으나 가족들과의 약속 때문에 현태 형은 나눈 산삼을 가지고 대전을 향해 의기양양하게 떠났다.

산행기 포인트

산삼의 크기가 산삼의 질을 좌우하는 게 아니다.

진품인 지종산삼의 뇌두는 볼펜심 굵기로 가늘며, 싹대 흔적이 싹대가 붙어 있는 곳에 서너 개를 제외한 몸통에서 시작되는 뇌두는 미끈한 뇌두에 좁쌀 모양의 혹이 촘촘히 붙어 있다.

즉 진품인 지종산삼은 5구, 6구가 아닌 오히려 2구 3구에서 볼 수 있으며, 뇌두는 우리가 사용하는 볼펜심 굵기 정도이다.

대대손손 자연 상태에서 순화된 산삼은 순화될수록 뿌리와 뇌두의 굵기가 가늘어지며, 산삼의 자생 상태에 따라 비옥한 땅과 척박한 땅의 차이는 있으나 대부분 작고, 가늘고, 길고, 왜소하다.

여름 산행기 2

산삼의 모습으로 보아 오래된 산지는 아닌 듯싶었지만 계룡산 밑의 조그만 야산에 산삼이 이렇게 많을 줄은 미처 몰랐다.

그동안 이 무더운 여름날에 심산유곡만 찾아다니느라 세상에 태어나 이만큼 땀을 흘려 본 적이 없을 정도로 많은 땀을 흘렸지만 계룡산 지근 야산에서 현태 형과 나는 기막힌 장면을 만났다.

점심을 간단히 먹고 냉장고에 얼려 놓았던 매실주스와 냉수를 배낭에 담고 간단히 먹을 수 있는 빵과 구운 소금, 벌을 쫓을 분무용 살충제, 부채, 타월 2장, 그리고 가장 중요한 산삼을 다치지 않게 운반할 산삼 담을 통 등을 하나하나 확인하고 나서 현태 형에게 전화를 걸었다.

"형, 떠나셔야지요?"

"응! 오전에 갑작스런 소나기 때문에 그동안 못 했던 집안일을 하고 있는 중이야! 날씨가 시원해서 오늘은 산행하기에 딱 좋겠어."

"정말 날씨 굿입니다, 형님!"

"그런데 오늘도 어제 갔던 그 산으로 또 가야 되겠지?"

"그래야죠."

오후에 출발하여 목적지에 다다르니, 웬걸, 오늘 날씨가 오히려 더욱 찜통이다. 오전에 온 소나기 때문에 습도까지 높아져 오후 2시의 날씨는 숨쉬기조차 버거울 정도로 숨이 턱에 차고, 차에서 내려 옷을 산행복으로 갈아입는 동안 벌써 땀이 온몸을 적시며 눈 속으로 흘러들어 눈이 쓰라리다.

이 시기에 산삼을 캐어 본 사람들은 다 아는 사실이지만, 열매가 빨갛게 익어 바람에 흔들흔들 곧 넘어질 듯한 딸[열매]의 모습을 떠올리면 산에 오르기 전부터 설레는 가슴을 진정시킬 수가 없다.

이까짓 더위쯤이야 곧 눈앞에 펼쳐질, 빨간 딸을 머리에 이고 도도히 서 있는 산삼의 자태를 상상하면 얼마든지 감수할 수 있는 황홀한 아주 작은 고통이다.

"산신령님이시여! 오늘도 산삼에 대한 욕심으로 산에 오르기보다는 산신령님께서 점지해 주신 아주 귀중한 약초인 산삼으로 주변에 몸이 아프고 산삼을 필요로 하는 사람들에게 주어 병마로부터 벗어나게 하는 것이 목적이며, 절대로 욕심 부리지 않고 가능한 한 자연을 훼손시키지 않고 주시는 만큼만 가져다가 올바른 일에 쓰도록 하겠나이다. 부디 사고로 인해 조금도 다치는 일이 없고 벌에 쫓기는 일이 없도록 도와주소서."

어제의 반대 방향에서 서서히 오르며 사주경계를 늦추지 않고 이미 무릎 높이까지 자란 풀 섶을 헤치며 온통 산삼에만 신경을 곤두세우며 진행하는데 3미터쯤 앞에 고개를 푹 숙인 빨간 딸이 두세 개 달린 산삼의 모습이 보인다.

"형, 심봤다!"

내 쪽으로 고개를 돌리던 현태 형이 소리쳤다.

"어! 나도 심봤다!"

나는 한 뿌리를 보았지만 현태 형은 그 순간 여기저기 빨간 딸을 한 움큼씩 머리에 이고 있는 여러 뿌리의 떼심 밭을 만난 것이다. 현태 형과 내가 움푹 파인 작은 구렁을 사이에 두고 양쪽 중간 지점에 있었기에 하마터면 놓칠 뻔한 순간이다.

그동안 산삼을 만나면 처음처럼 흥분되어 목청이 터져라 '심봤다!'를 외치던 모습과는 달리 이젠 웬만한 산삼을 보아도 흥분하지 않는 우리의 모습을 보며 '상황에 따라 사람이 이렇게 변할 수도 있는 것이로구나.' 하며 새삼 느끼는 순간이다.

내가 본 산삼을 간단히 갈무리하고 다시 형의 옆에 서서 감사함의 표시로 산신령께 정성을 다해 세 번 절한 후 쓸 만한 산삼 여섯 뿌리만 골라 갈무리하고 작은 산삼들은 다치지 않게 변형시켜 훗날을 기약하며 잘 감추어 두었다. 그러고 나서 딸은 다시 그 자리에 뿌려 주고 다시 주변을 살피며 올라가는데 산속에 미국자리공 군락이 눈앞에 펼쳐진다.

산에서 만나는 미국자리공들은 가차 없이 갈고리로 쳐서 더 이상 자리지 못하도록 해야만 한다.

오늘도 엄청난 키의 미국자리공들이 눈앞을 가로막고 서 있어서 갈고리로 밑동을 쳐 가며 쓰러뜨리다 보니, 아니 이건 또 웬 횡제수인가! 그 미국자리공 군락 속에 또다시 빨간 딸을 머리에 인 산삼이 떼로 몰려 있는 게 아닌가!

"형! 여기 떼심이야!"

대략 줄잡아 열 서너 뿌리는 되어 보인다.

이미 내가 휘두른 갈고리에 죽이 끊긴 상태의 산삼인 4구의 잎도 보기 좋게 땅바닥에 나뒹굴고, 또 끊어진 줄기는 어쩔 수 없이 조심스럽게 뿌리만큼은 다치지 않도록 잘 돋우어 보관함에 조심스럽게 넣어 두었다.

그 자리에 앉아 맛있게 담배를 피우며 서로의 몰골을 바라보니

기막힌 통한의 웃음이 절로 나온다. 오전에 내린 소나기로 젖은 풀섶을 헤치고 다니다 보니 그로 인해 옷이 흠뻑 젖었지만 그보다는 많은 땀으로 머리끝부터 등산화 속까지 흥건히 고여 있었다. 게다가 산삼을 돋우며 파헤치다 묻었던 흙까지 얼굴부터 온몸에 묻어 거지 중의 상거지 꼴이다. 또한 땀과 물 범벅이 된 손가락에 끼워 담배를 피우다 보니 담배가 끊어져 필터와 담배를 잇고 엄지와 검지 끝으로 잡고 있었으니 영락없이 길거리의 담배꽁초를 주워 피우는 거지꼴이다.

쉴 새 없이 매암매암 울어대는 매미 소리를 들으며 이곳저곳을 살피고 있는데 저쪽에서 갑자기 현태 형이 "으악!" 하고 소리를 지른다.

언뜻 스치는 생각이, 비가 온 후라서 나무에 독사라도 한 마리 걸쳐 있는 것을 보고 놀랐나 보다 하고 생각하며, "형, 왜 그래?" 하며 고개를 돌리다가 이번엔 필자도 소스라치게 놀라 눈이 휘둥그레지고 말도 제대로 안 나온다.

어른 둘이서 양팔을 벌려 감싸 안아도 모자랄 만큼의 아름드리 나무 아래 한 평 남짓한 곳에 마치 누군가가 정성들여 가꾸어 놓은 듯 6구, 5구, 4구, 심지어 오행짜리까지 어른들부터 어린아이 산삼들이 우아하고 거만스런 자태로 수북하게 나와 있는 것이 아닌가!

각 산삼마다 머리엔 빨간 딸을 한 움큼씩 곱게 이고, 바람이 불면 부는 대로, 새가 울면 우는 대로 이리저리 홍겨워 흔들흔들하며 마치 합창이라도 하는 것처럼 모여 있다.

우리 두 사람은 서로의 얼굴만 바라보며, 온몸에 소름이 돋고 머리가 쭈뼛 일어서고 엔도르핀이 솟구쳐 눈이 휘둥그레지는 환희의 그 순간을 뭐라 표현할 말이 없어 그저 "으악!" 하며 소리만 지르고 있었다.

한동안 그 자리에 꽁꽁 얼어붙은 듯이 서서 서로를 바라보고만 있던 두 사람은 누가 먼저랄 것도 없이 동시에 산신령께 삼배부터 올렸다.

"감사합니다!"

"감사합니다!"

"정말 감사합니다! 산신령님, 감사합니다!"

감동을 만끽하며 다시 한동안 바라보는 산삼 속에서 현태 형도 나도 산삼에 오버랩 되어 스치는 얼굴이 있었다. 그래서 그동안 힘들게 살아오며 고생하던 병마로부터 하루빨리 벗어나 새로운 삶을 살 수 있기를 바라는 마음으로 이 산삼을 그에게 사용하기로 했다.

두 사람은 서로의 우스꽝스런 몰골을 바라보며 기쁨어린 목소리로 크게 웃고 또 웃었다.

이 무더운 복중 여름에, 더구나 남들은 피서다 중복이다 하여 몸보신을 생각하지만, 우리는 이처럼 기쁨과 행복을 선사하는 산삼을 만나 가슴 뜨거운 감동을 먹고 있으니 그까짓 몸보신이며 피서가 이와 비교할 수 있으랴!

산행기 포인트

7월경이면 인삼과 마찬가지로 산삼도 씨앗이 빨갛게 익는데 그 씨앗을 '딸' 또는 '딸기' 라 부른다.

이번 산행은 인삼밭 주변의 높지 않은 야산이었는데, 산삼은 결코 높은 산 깊은 계곡에만 있는 것이 아니고 또 양질의 산삼이 반드시 높은 산에만 있는 것이 아니다. 인삼 농사를 짓고 오랜 세월이 흐르고 인삼의 씨앗이 야생삼으로, 또 야생삼이 자라 씨를 맺어 씨앗을 퍼트리면 다시 장뇌산삼으로, 산삼으로 야생에서 대를 거쳐 진화된다.

인삼이나 산삼의 씨앗이 빨갛게 익은 모습은 감동 그 자체다. 열매가 빨갛게 일찍 익는 이유는 각종 조류의 눈에 쉽게 띄어 종자 번식의 목적인 먹이로서의 유혹이 아닌가 싶다.

떼심밭은 주로 인삼밭 주변 야산에서 쉽게 볼 수 있는 풍경으로, 그간 높은 산만 고집하다가 그야말로 낚시꾼이 동네 낚시터에서 낚아 올리는 마릿수 재미처럼 주로 야산에서 이런 떼심밭을 자주 만날 수 있었다.

또 무더운 여름 산행에서 가장 조심해야 할 것은 과다한 땀 배출로 인한 탈수 증상이다. 그래서 여름 산행 시엔 반드시 구운 소금인 죽염을 소지하고 물을 충분히 준비해야 한다.

그리고 거듭 강조하지만 산행에서 가장 조심해야 할 것은 벌떼다. 심할 경우 벌에 쏘여 목숨을 잃을 수도 있기 때문이다. 따라서 그 벌떼가 공격해올 때 손쉽게 뽑아 쓸 수 있도록 분무용 살충제를 휴대하고 다녀야 한다.

산삼은 영물(靈物)인가?

산삼을 캐면서 내게 한 가지 징크스가 생겼다. 아니, 나만의 징크스가 아닌 다른 심마니들과 대화를 나누다 보면 공통적으로 비슷한 징크스가 있었다.

어느 무더운 여름 장마철에 산삼을 캐기 위해 일행과 함께 차를 타고 산지로 이동하던 중에 일어난 일이다.

도로에는 방금 전 승용차가 가로수를 들이받은 듯 교통사고가 발생하여 차가 많이 부서지고, 지나던 차량들의 운전자들이 차를 세우고 사고 차량 안에 있는 운전자를 구조하고 있었다.

우리는 운전자의 머리에서 피가 나는 장면을 목격하였고, 직후에 멀리서 119 구급차가 달려오는 것을 보고는 그 자리를 서둘러 떠났다.

그 운전자가 많이 다치지 않아서 다행이라며, "그간 산행하며 흘린 땀의 양이 아마 한 드럼도 넘을 것이다, 그런 수고가 있었기에 가족들의 건강도 챙길 수 있었으며, 취미생활도 되고 즐거운 산행도 겸할 수 있는 이 산삼 캐는 일이 정말 좋다."는 등, 여름 산행은 또 좋은 추억거리였기에 얼마 남지 않은 개학을 아쉬워하며 오늘 오를 산에 대해 이런저런 이야기를 나누다 보니 어느 새 산지에 도착하였다.

산행복으로 갈아입는 동안 벌써 산에 오르기도 전에 머리끝부터 발끝까지 땀으로 흥건히 젖어 있었다. 몸에 땀구멍이 열린 정도를 넘어서 그동안 엄청나게 흘린 땀으로 인해 땀구멍이 더욱 넓어진 것만 같다. 나보다도 더 많은 땀을 흘리는 일행의 등골을 보니 차라리 도랑물처럼 졸졸졸 흘러 몸 아래로 흘러내려가고 있다.

그러다 보니 이젠 얼굴에서 땀이 흘러 입 안으로 들어가도 짭짜름한 맛도 없고 그저 빗물 맛과 차이가 없다. 온몸의 노폐물이 모두 다 빠져 나간 느낌이다.

흥건한 땀으로 축축하게 젖은 수건을 목에 두르고 부채를 연이어 부쳐가며 산행을 시작했다.

어찌된 일인지 오늘 산지는 겉모습과는 달리 산속으로 들어갈수록 왜송이 꽉 들어차 있어서 생각했던 것보다 산지가 안 좋았고, 계곡으로 생각했던 곳은 계곡이 아닌 늪지대였다.

그나마 늪지대를 벗어나니 왜송으로 꽉 차 있다. 더 이상 진행해 보았자 별다른 소득을 기대할 수 없을 것 같다. 차라리 산행을 포기하고 다른 산으로 가자고 일행과 합의를 본 후 뒤돌아서려는데 갑자기 하늘에 먹구름이 몰려오면서 '우르릉 우르릉…….' 하며 천둥소리가 나기 시작하는데 금방이라도 소나기가 쏟아질 것만 같은 기세다.

이미 산속으로 걸어 들어온 지가 30분 정도 되었기에 쉽사리 산속을 빠져나가기가 힘들 것 같았다. 그래서 서둘러 숲을 이리저리 헤치며 뒤듯이 나오는데 저만치 앞에서 눈에 익은 모습이 나를 반긴다. 그와 동시에 소나기가 퍼붓기 시작하는데 차라리 양동이로 들이붓는다고 표현해야 맞을 정도로 온몸을 세차게 두드려 댄다.

하지만 그런 가운데서도 한 치의 망설임 없이 내 앞에 나타난 산삼을 채심하기 위해 가까이 다가가는데, 이건 또 무슨 소린가! 갑자기 헬리콥터가 이륙하듯 "위잉~" 하는 소리와 함께 미처 대비할 틈도 없이 내 주변에 벌떼가 새카맣게 달려든다. 비명소리를 내지를 틈도 안 주고 아차 하는 순간 이미 벌들이 달려들어 얼굴을 중심으로 목이며 팔이며 허벅지며 사정없이 쏘아 대기 시작한다.

다급해진 나는 바닥에 납작 엎드렸다.

그러자 벌떼들은 세차게 쏟아지는 소나기를 피해 다시 축구공만한 벌집 속으로 날아 들어간다.

⬆은방울꽃

그런데 이런 걸 두고 엎친 데 덮친 격이라고 했던가!

"위윙~" 하는 소리가 잦아들어 슬며시 고개를 들자 웬 시커먼 놈이 불과 30~40센티미터 거리의 코앞에서 똬리를 틀고는 혀를 날름거리며 나를 째려보고 있는 것이 아닌가!

그제야 "으악~" 하고 비명소리를 내지르며 휘둥그런 눈으로 쳐다보니 시커먼 독사가 금방이라도 달려들 것 같이 표독스럽게 생긴 삼각형 대가리를 이리저리 꿈틀거리며 혀를 날름거리고 꼬리를 쌀쌀 흔들어 가며 서서히 내게로 다가오고 있는 것이 아닌가!

아마 이 녀석도 갑자기 소나기가 내려서 보금자리로 급히 들어가려던 참에 웬 놈이 느닷없이 "쿵~" 하고 자기 앞에 엎어지니 나만큼이나 많이 놀랐나 보다.

독사와 나의 긴박한 대치상황이 시작되었다.

서로를 째려보며 기 싸움을 벌이는 순간, 소나기를 피해 달아나던 일행이 빗속에서 소리치며 나타났다.

"왜 그래? 안 다쳤어?"

벌을 쏘이며 "앗 따가워!" 하는 소리와 함께 "쿵~" 하고 엎어지는 소리가 났으니 무슨 일인지 궁금했던 것이다.

엎드린 채 사색이 되어 있는 나를 향해 독사 한 마리가 꿈틀거리며 공격 자세를 취하고 있는 것을 본 그는 앞뒤 가릴 것 없이 달려들어 갈고리로 그 독사를 힘껏 후려쳤다.

넋을 잃고 잠시 그 자리에 멍하니 앉아 있던 나는 일행의 배낭 속에 있는 분무용 살충제를 받아들고 벌집에 한참을 쏘아대며 화풀이를 한 끝에 소나기를 맞으며 천천히 차량을 세워 둔 곳으로 다가갔다.

옷이 너무도 젖어 차에 오르지도 못하고 빗속에 서서 일행과 함께 이야기를 나누는데, 왜 그렇게 내려오다 말고 허둥지둥 벌집이 있는 곳으로 달려갔느냐고 묻는다.

그래서 내가, 서둘러 뛰듯이 내려오는 도중에 산삼을 발견해 산삼이 있는 쪽으로 이동하다 그만 벌집을 건드린 것 같다고 했더니, 그럼 산삼은 어디 있느냐고 묻는다.

'아뿔싸!

벌떼에 이어 독사의 출현에 놀란 나머지 넋이 빠져나가서 산삼이고 뭐고 챙길 겨를이 없었던 것이다.

그나저나 놀란 가슴을 진정시키며 정신을 차리고 나니 온몸이 욱신거리고 얼굴은 퉁퉁 부어올라 차 안의 거울 속을 들여다보니 마치 내 얼굴이 괴물 같아 보인다.

산삼이고 뭐고 일단 병원부터 가서 주사라도 맞고 약 좀 발라야겠다고 하니 일행은 못내 산삼이 아까워 그냥 갈 수 없다며 다시 그 자리에 갔다 올 테니 잠시만 기다리라며 그곳으로 향한다.

그나저나 이처럼 얼굴이 퉁퉁 부어올라 이제 며칠 동안 산행이고 뭐고 돌아다닐 수조차 없게 되었으니 이 일을 어쩐다?

잠시 후 일행이 돌아와서 하는 말이, 그 자리를 아무리 살펴봐도 산삼이 안 보인다며 정확한 위치가 어디냐고 묻는다.

그래서 일행과 함께 그 자리에 가 보니 이건 또 무슨 조화인가? 분명 그 자리에 당당하게 서 있던 산삼이 흔적도 없이 사라졌던 것이다.

며칠 후 얼굴의 부기가 빠져 다시 기억을 되짚어 그 자리에 가 보았지만 산삼이 안 보인다. 참으로 기이한 일이었다. 아마 내가 그날 헛것을 봤나 보다.

그날 이후로 나는 길가에 동물이 사고를 당해 죽어 있는 걸 보면 산지에 가려다가 집으로 되돌아오는 습관이 생겼다.

이처럼 산삼에 관련된 산행 일화들을 들어보면 분명 뭔가 우리가 느끼지 못하는 세계가 있음을 짐작케 한다.

몇 해 전에 강원도의 어느 목사가 산삼과 백사를 한꺼번에 취했다는 기사를 보며 나는 코웃음을 쳤지만 역시 거짓으로 판명이 났다.

심마니들과 산삼 산행에 관련된 이야기를 하다 보면 상식적으로는 도저히 이해할 수 없는 신비한 것들이 많은 것으로 보아 분명 뭔가 있을 것이란 생각이 든다.

산삼으로 사람을 속이고 돈에 눈이 어두워 돈만 좇다 보면 분명 자신도 모르는 사이에 주변의 친구나 아는 사람들로부터 따돌림을 받고 심지어 영어의 몸이 되는 것을 심심치 않게 보곤 한다.

대부분 산삼으로 일확천금을 번 사람들의 삶이 평탄하지 못하고 뭔가 일이 안 풀려서 힘들어 하는 것을 종종 보며, 산삼으로 유명세를 탄 사람들의 대부분이 잘해야 본전이고 그다지 성공적인 삶을 사는 모습을 별반 보지 못했다.

또 기(氣)를 운용하는 사람들의 이야기를 들어보면, 산삼은 기가 똘똘 뭉친 기의 결정체이며, 바로 이 기가 몸의 평균 균형을 잡아주며, 혈압도 당뇨도 높은 것은 내려주고 낮은 것은 올려주는 이 세상에 하나밖에 없는 아주 귀중한 약초라고 한다.

산삼은 언제나 경건한 마음으로 대해야 한다. 이는 절대 과욕을 부려선 안 된다는 이야기이며, 가능한 한 아픈 사람들에게 한 뿌리라도 돌아갈 수 있는 기회를 주기 위해 값을 터무니없이 조장하거나 감언이설로 포장하여 허욕을 부려서는 안 된다. 욕심을 부리면 부린 만큼 가까이 지내던 친구마저 멀리하게 되며 서로를 비방하고 돌이킬 수 없는 사이가 되는 경우를 수없이 보아왔다.

산삼을 먹는 사람들의 대부분은 산삼과의 인연이 있고, 산에서 산삼을 만나게 되면 산삼과 같이 투영이 되며, 인연이 닿지 않으면 산삼을 먹을 수 없다고 생각한다.

나의 경우 음식은 가리지 않고 다 잘 먹으나 개고기 한 가지는 될 수 있는 한 절제한다. 지금까지의 사례로 보아 개고기를 먹고 난 뒤 사고 사례를 수없이 겪어 왔던 내게 있어 득보다는 실이 않다는 생각이 지배적이기 때문이다.

또 아무리 강조해도 부족한 것은 산삼 산행 중 가장 무서운 것은 뱀이나 송충이가 아닌 야생벌이다. 따라서 산행의 필수품 중에 가장 우선적인 것은 분무용 살충제이며, 이것이야 말로 야생벌을 퇴치하는 데 최고의 무기다.

약성이 좋은 산삼을 한눈에 구분하는 방법

이젠 멀리서 산삼이 서 있는 모습만 봐도 아주 기분이 흥분되거나 맥이 확 풀리는 것을 느끼게 된다.

아마 초가을쯤인 것으로 기억된다. 30미터쯤 되는 계곡 아래에서 산의 위쪽을 살피며 지나가는데 바람에 흔들리는 오가피나무 사이로 눈에 많이 익은 모습이 살짝 스쳐지나간다. 얼른 고개를 돌려 그곳을 다시 바라보니 환영을 보았는지 아무것도 보이지 않고 오가피나무만 바람에 흔들리며 서 있다.

'내가 잘못 보았나?'

이렇게 생각하며 돌아서는데 이번엔 좀 더 확실히 오가피나무 사이로 딸이 다시 보인다.

흥분된 마음으로 단숨에 뛰어올라 가까이 다가가니 주변에 음료수 병이며 담배꽁초가 널려 있고 산삼을 캐 간 자국이 몇 군데 보인다. 산삼을 캐 간 흔적이 아주 넓은 것으로 보아 꽤나 많은 산삼을 만났었나 보다.

그러나 오가피 잎과 산삼 잎은 아주 유사해 찾지 못한 것 같았고, 그렇다 해도 정작 키가 훌쩍 커서 멀리서도 잘 보이는 산삼은 그대로 놔둔 채 주변의 5행짜리조차 안 보이는 것이 몽땅 싹쓸이 해 간 모양이다.

산삼의 키가 1미터는 족히 넘는 6구 만달인 산삼이었다. 산삼을 만나면 주변에 산삼이 쫙 깔려 있어도 처음 발견한 산삼만 보일 뿐 도무지 주변의 30센티미터 옆에 있는 산삼조차 보지 못할 때가 있다. 산삼을 발견하면 그냥 그 자리에 주저앉아 담배 한 대를 피워 물고 정신을 가다듬으라고 말하는 이유가 바로 여기에 있다.

발견한 그 자리에 앉아 담배를 한 모금 두 모금 빨면서 마음을 진정시키다 보면 하나씩 둘씩 산삼이 보이기 시작한다. 그러다가 아주 많은 산삼을 만났을 때는 이걸 언제 다 캐나 하고 말도 안 되는 걱정을 할 때도 있다.

더러 산행 중에 이런 장면을 볼 때가 있는데, 분명 산삼이 주변에 산재해 있음에도 불구하고 한두 뿌리만 캐고 나머지는 그대로 놔둔 채 그 자리를 떠난 흔적을 보곤 한다. 이는 산삼을 발견하고 흥분한 나머지 눈에 보이는 그 산삼만 채취했다는 증거다.

그러나 산삼을 만난 기쁨은 잠시뿐 이내 실망감이 들 때가 있다. 그 이유는 산삼 싹대의 키가 크거나 굵으면 산삼 뿌리는 캐 볼 것도 없이 약성에선 형편없다는 것을 그동안의 경험에서 알고 있기 때문인데, 5구나 6구 산삼에서는 절대로 약성이 좋은 양질의 산삼이 나오지 않는다.

양질의 산삼인 산삼이나 지종산삼의 경우 싹대는 가늘고 키가 작고 산삼 잎의 색이 짙은 초록색이 아닌 좀 더 연한 녹색이며 산삼 잎의 두께도 얇아서 좀 과장해서 말하면 투명하다고나 할까?

산에서 산삼을 만났을 때 좋은 산삼과 그렇지 못한 산삼을 구별하는 방법은 뒤에 가서 자세히 밝히겠지만 우선 간략하게 밝히자면 아래와 같다.

첫째, 뇌두의 모습을 보면, 싹대의 흔적이 우렁이 모양의 뇌두가 아닌 매끈한 뇌두와 우렁이 모양의 뇌두가 혼재된 모습이 질적인 면에서 우수한 양질의 산삼이다.

둘째, 몸통의 색이 약간 누런빛을 띤 색에 가락지라 부르는 주름이 쭈글쭈글한 모습을 하고 실뿌리[미]가 두세 가닥으로 길수록 척박한 땅에서 자란 흔적으로 고생을 많이 한 산삼이기에 약성이 아주 우수하다는 평을 받고 있다.

셋째, 산삼의 향이 아주 진하여 코끝을 자극함은 물론 실내에서 산삼의 실뿌리를 씹을 경우 실내 전체가 산삼의 향으로 진동한다면 약성 또한 최고로 친다.

넷째, 실뿌리가 털북숭이처럼 많지 않고 두세 가닥으로 실뿌리의 끝이 힘이 넘쳐 가로로 산삼을 들어 올렸을 때 뿌리 끝의 힘이 부챗살로 느껴질 정도로 찰랑찰랑한 느낌을 받는 산삼이 제대로 된 양질의 산삼이다.

뇌두가 우렁이 모양인 산삼을 씹을 경우 좋은 산삼을 씹을 때와 달리 비릿한 맛을 느낄 수 있으며, 우윳빛 몸통의 산삼을 씹을 경우 좋은 산삼을 씹을 때와 달리 비릿한 맛을 느낄 수 있다. 좋은 산삼은 결국 향이 아주 진하고 겉보기에 힘이 강해 보이는 것이라 표현하는 것이 정확한 이야기가 될 것이다.

산삼 산지를 찾는 핵심

심마니들은 산삼 시즌이 지나고 산에 올라야 별 재미가 없을 시기인 초겨울부터 이른 봄까지는 그동안 숨겨 놓은 산삼을 캐다 파는 일 외엔 별로 할 일이 없다. 여름에 눈여겨보았던 산지를 살피러 차를 타고 여기저기 돌아다니는 것이 일과라면 일과라 할 수 있다. 낙엽이 떨어져 나뭇가지가 앙상하고 온 산이 모두 벌거벗은 모습을 하고 있어 산지를 살피기에 최적기이기 때문이다.

부지런한 사람은 이 시기에도 산에 올라 도라지나 잔대, 백하수오, 적하수오 등의 약초를 캐거나 상황버섯 등을 따기도 한다.

산삼의 산지를 찾으려면 우선 오래 전에 인삼 농사를 지었던 곳을 찾아 그 지역을 순찰하고 정확히 어느 지점에서 실제 인삼 농사를 지었는지를 그 동네에서 오래 살아 온 노인들에게 여쭙고 그 장소를 기준으로 하여 어떤 산이 오래 전에 산림녹화가 되었는지를 파악하도록 한다.

주로 오래 전에 인삼 농사를 지었던 곳의 주변에서 많은 양의 산삼이 발견되곤 하는데 인위적인 방법이 아닌 조류에 의해 자연적으로 산에서 번식된 삼을 산삼의 범주에 넣는다. 이런 곳에서는 거의 대부분 야생삼이지만 더러 장뇌산삼이나 산삼도 그곳에서 발견되곤 한다.

본래의 산삼 씨앗이 인삼의 원조이기는 하지만, 인삼에서 자연산 야생삼으로, 그 야생삼에서 다시 자연적인 번식을 이루며 2대, 3대, 4대를 이어 가며 지종산삼으로, 그 이상을 천종산삼으로 칭하기도 한다.

본래의 천종산삼이란 단 한 번도 인위적인 재배를 통하지 않고 자연산으로 이어진 것을 말하지만, 그 천종산삼은 이 땅에서 사라진 지 오래되었다고 말해야 옳을 것이다.

일반적으로 우리가 알고 있는 산지의 최적지는 북향을 기준으로 동북향과 서북향으로 알고 있다. 여름에 시원하고 습기가 항상 유지되며 산삼의 생육 조건 중 반 음지식물이라는 여건이 주로 북쪽에 치우쳐 그렇게들 이야기하지만 사실 방향은 그다지 중요치 않다. 산지의 특성상 건조하지 않고, 항상 습기를 유지하며, 배수가 잘되고, 약간 경사면이며, 낙엽을 밟아 푹신푹신한 느낌이 들고, 낙엽이 적당히 쌓여 부엽층이 적당히 얇고 적당히 두꺼운 곳에 산삼은 방향을 가리지 않고 자생하고 있으며, 더러 남향에서 습기가 유지되는 곳에서 발견되는 산삼이 약성은 더 좋다.

생육 조건상 악조건에서 자란 산삼이 약성에서 우수하고 산삼의 향이 진하며 명현현상이 잘 나타나는 것으로 보아 오히려 남향에서 발견되는 산삼이 우수한 양질의 산삼이다. 즉 산지를 고를 때는 굳이 북향만 고집할 게 아니라 산삼의 생육 조건을 잘 파악하여, 습기가 잘 유지되고, 바람이 잘 통하고, 적당히 음지이고, 적당

히 배수가 우수한 지역, Y자 모양의 계곡에서 여자의 신체로 표현하면 음부에 해당하는 부분을 찾는 것이 가장 중요한 포인트라 하겠다.

어떠한 산이든 산을 북향에서만 바라보지 말고 남쪽에서 흘러내리는 능선을 따라 동이 트며 아침햇살이 잘 들고 오후가 되면 응달이 되어 뜨겁거나 건조해지지 않는 곳이면 산삼의 산지로서 최적이다. 하루 종일 햇볕이 들고 서향 빛에 완전히 노출된 곳은 아무래도 건조할 수밖에 없으므로 산지로서 적당하지 못하다.

하나 더 이야기한다면, 동이 트며 햇볕이 잘 들고 오후 빛은 가려지는 산지 주변에서 활엽수인 참나무가 오래되고 덩치가 가장 커 새들이 날아들기 쉬운 곳이나 습관처럼 새가 많이 앉아 놀던 나무 아래가 빼놓을 수 없는 중요한 포인트다.

이는 새들이 인삼밭에서 씨를 주워 먹고 나서 나무 위로 날아와 앉아 휴식을 취하며 배설한 곳이기에 그런 장소에서 때로는 떼심밭을 만나 입을 다물지 못할 만큼 산삼을 많이 캐는 행운을 얻기도 한다. 실제로 필자가 경험한 바로는 그러한 장소에서 한 번에 수백 뿌리를 캐는 횡재를 종종 만나기도 하였다.

또 멀리서 산을 바라볼 때 아주 오래된 나무가 있어서 주변의 산중에서 가장 눈에 띄는 나무가 있는 계곡이 있는 곳 중 잡목이 우거지지 않고 시원하게 나무 그늘이 형성된 곳이 포인트다.

그런 산지를 발견하면 내가 멀리서 손가락으로 가리키며, "저곳에 산삼이 있다." 하며 올라가면 어김없이 그곳에서 많은 양의 산삼을 캐어 들고 내려오곤 했는데, 그래서 한때는 일행들로부터 도사라는 별명을 얻기까지 했었다.

그만큼 산지의 선정은 아주 중요한데, 때로는 화전민이 살던 주변에서 발견되는 경우처럼 상상치 못한 장소에서 발견되기도 한다. 이는 화전민들이 소량의 인삼을 재배하다 그 인삼 씨앗이 주로 조류에 의해 퍼져 깊은 산속에서 1대 야생삼이 발견되는 경우도 있다.

제2장

산삼의 허와 진실

그동안 세간의 관심을 불러 모았던 산삼! 그 이름 앞에 수식어처럼 따라붙는 '신비' 라는 말에 어울리게 터무니없이 부풀려지고 더해져 산삼은 이제 신뢰를 잃고 불신의 늪으로 빠져 들고 있다. 20년 근이 100년 근이 되고 30년 근이 150년 근이 되는 웃지 못 할 '산삼감정서' 의 실체는 과연 무엇인가? 그에 대한 허와 실을 밝힌다.

신문기사에 실리는 100년 산삼에 관한 진실

매년 되풀이되는 산삼 관련 신문기사를 읽다 보면 '또 시작이구나.' 하는 생각이 든다. 기사 내용은 천편일률적인 것으로, 결국은 100년 이상 된 천종산삼의 감정가가 억대 이상이라는 내용이다.

매년 그런 기사를 작성한 사람은 모두 전남과 광주의 지방신문 기자로, 두세 명의 기자가 이름을 번갈아 가며 쓰곤 한다.

신문기사 내용은, 여러 해 전에 돌아가신 할아버지께서 하얀 수염을 기르고 꿈속에 나타나셔서 이상한 말로 뭐라 점지해 주셨는데, 아침에 일어나서 곰곰이 생각해 보니 꿈이 너무도 이상하여 할아버지 산소를 찾았다가 120년 근으로 추정되는 천종산삼 2뿌리와 90년 근으로 추정되는 천종산삼 다섯 뿌리 등 감정가가 모두 1억 7천만 원이나 되는 산삼을 캐서 횡재를 했다는 것이다.

매년 5~6월경이면 어김없이 이런 기사가 지면 한 귀퉁이를 차지하곤 하는데 그럴 때마다 그 기사를 일부 공영채널 뉴스에도 내보낸다.

그리고 이듬해면 다시, '꿈속에 흰머리를 길게 늘어뜨리고 어떤 할머니가 나타나 막 뭐라고 혼을 냈다. 그러고는 손자의 손을 잡고 손자에게 귓속말로 뭐라 이야기를 하는 등 꿈자리가 너무도 이상했다. 그러고 나서 우연히 뒷산에 고사리를 꺾으러 갔다가 꿈속에 보았던 그런 곳에서 산삼을 만나 30뿌리를 캐는 행운을 얻었는데, 감정을 해보니 1억 2천만 원이라고. 횡재를 한 장본인은 평소에 효부로 소문난 사람으로, 시부모께 공양을 너무 헌신적으로 잘해 착한 사람으로 동네에 소문이 자자한 사람이다.' 라는 식으로 기사가 나올 것이다.

또 어떤 목사의 경우라며 기사로 올린 예도 있다.

꿈속에 현몽을 하여 산에 올랐더니 산삼 옆에 백사가 웅크리고 있어 산삼과 백사를 잡는 엄청난 행운을 얻었는데, 알고 보니 산삼과 백사는 옛날부터 어떤 유대관계가 있어서 산삼은 언제나 백사가 보호해 주는 것이라며 신문에 천편일률적으로 비슷한 레퍼토리가 게재된다.

로또복권에 당첨되는 행운아를 다루듯이 이처럼 해마다 5월 중순이면 시작하여 가을까지 시간을 맞춰 국민들에게 산삼에 대한 허위기사를 되풀이하여 내보내며 관심을 유도하는 이유는 대체 무엇일까?

심지어 이미 오래된 기사지만, 무더위에 불쾌지수가 높아 짜증이 날 대로 나 있는 국민들에게 때 아닌 '뒤뜰에 심어 놓았던 산삼을 훔쳐 먹다가 잡힌 사건' 까지 어떤 방식으로든 국민의 관심을 끌고자 수단과 방법을 가리지 않고 사실이든 허위든 산삼에 관련된 기사가 남발되고 있다.

이런 기사의 진원지를 가만히 들여다보면 모두가 연합통신 기사이고, 일정 지역의 기사이며, 이 기사는 다시 모든 주요 일간지에 베낀 듯이 하나의 흥미 위주로 실리곤 한다.

또 우리 사회에 이렇다 할 이슈가 없을 때 관심 끌기에 아주 적당한 시점을 노려 이런 기사를 매년 땜빵 형식으로 내보내는 것 같다.

결국 각 언론사에서 다루었던 산삼이 어떤 식으로 거래가 이루어졌는지 모르겠지만 아마 산삼이 고가에 거래되었을 테고 기사 속의 주인공은 한탕주의에 성공을 했으니 당분간 용돈 걱정은 안 해도 되지 않을까싶다. 그리고 더러는 '국립교정학교' 에도 좀 다녀왔을 테고.

그럼 여기서 진실을 밝혀 보겠다.

우선 100년 된 산삼이 정말 우리나라에 존재할까?

지금 연세가 80이 넘으신 어르신들께 해방 당시와 6.25 전쟁 이후 우리나라의 산림 상태가 어떠했는지를 여쭤 보자. 다큐멘터리로 엮은 6.25 관련 당시의 참상을 들여다보면 그 당시 우리가 살던 뒷동

산의 모습이 어땠는가를 알 수 있다.

6.25전쟁 이후 불과 65년이 흐른 현재는 삼림이 우거져 수종 갱신이다, 개발이다 하여 불필요한 나무는 모두 베어냈다. 산을 깎아 아파트를 짓고 공장을 짓는 게 일반화되었지만 그 당시엔 땔감으로 나무를 베려 해도 이미 산은 벌거숭이가 되어 있었고, 이어서 6.25전쟁을 거치면서 난방용 땔감마저 구하지 못해 바닥에 흩어져 있는 낙엽까지 갈퀴로 박박 긁어다가 아궁이에 불을 지피는 데 썼다. 그나마 산에 조금 남아 있던 나무들까지 몰래 베어다가 땔감으

동강할미꽃

로 장마당에 지게로 내다 파는 사람들도 즐비했었다.

따라서 그 당시에 반음지식물인 산삼이 자랄 수 있는 환경은 절대적으로 불가능한 상태였고, 봄이면 나물이든 고사리든 배고픔에 어느 것 하나도 남아나지 않을 정도로 극심한 기아에 허덕이고 있는 실정이었다. 심지어 잔디뿌리마저 달콤한 맛 때문에 어릴 적 간식거리로 인기여서 다 캐어먹는 상황에서 산삼인들 남아났겠는가?

그리고 또 음지식물이고 햇볕을 싫어하는 산삼이 그런 벌거숭이산에서 살아남았을 수 있었을까? 더구나 산삼은 땅속에 사는 게 아니고 지표면과 그 위에 덮인 부엽토 사이에 뿌리를 위쪽으로 뻗으며 자생하는데 말이다.

반음지식물인 산삼이, 그리고 전 국토가 황폐화되고 민둥산이 된 상황에서 발견된 산삼이 일제시대부터 6.25전쟁마저 겪은 100년이 넘어 심지어 200년 넘은 산삼이라니.

묘하게도 인삼의 원조는 산삼이었다. 그러나 산에 산삼의 씨가 마르고 멸종 위기에 있을 때 고맙게도 조류들이 나서서 6~7월경 빨갛게 익은 열매를 먹고 산에다 배설을 해 주어 지금의 산삼이 다시 자생하게 되었다.

그렇다면 우리나라에서 인삼 재배가 성행하게 된 때가 언제인가? 고려시대에 지금의 전남 화순 모후 산에서 처음으로 시작된 인삼 재배는 조선시대를 거쳐 전국 방방곡곡에서 재배되어 개성, 금산, 풍기가 인삼의 집산지로 되었다.

현재 산에서 나오는 산삼의 거의 대부분은 조류에 의해 인삼의 씨에서 다시 퍼진 것으로 그나마 명맥을 유지하고 있다. 우리나라는 격동기를 지나 산이 벌거숭이가 되고 박정희 대통령 집권 시 산림녹화사업으로 전국의 산이 푸르름을 되찾으면서 산삼의 역사는 다시 시작하게 된 것이다.

그런데 산삼이 과연 100~200년의 오랜 세월 동안 산에 살아 있을 수 있으며, 더구나 본래 산삼의 씨앗으로 번식된 천종산삼으로 남아 있을 수 있을까?

한마디로 우리나라는 역사적인 상황으로 보아 100년 된 산삼은 결단코 없다고 단언해도 좋다.

또한 모든 심마니들이 산에 오를 때마다 '심마니의 전설' 에서나 나오는 것처럼 반드시 현몽을 꾸어야만 산삼을 캘 수 있을까?

지금까지 수천 뿌리의 산삼을 캐 보았지만 그런 일은 단 한 번도 없었으려니와 그런 꿈을 단 한 번만이라도 꿔 봤으면 좋겠다는 게 아마도 모든 심마니들의 심정이 아닐까싶다.

사실 최근까지만 하더라도 산에서 산삼을 쉽게 만날 수 있어서 그렇게 희귀한 것은 아니다. 산삼을 캐는 곳도 깊은 산속의 물소리와 산새소리만 들리는 그런 곳이 아니다. 거의 대부분 오래 전에 인삼을 재배했던 주변의 야산이나 높은 산의 언저리에서 엄청난 양의 산삼이 발견되곤 했다.

깊은 산중이라 해도 옛날에 화전민들이 머물렀던 주거지역 주변에서 쉽게 발견되었고, 방향은 북향이며, 바람의 소통이 원활하고, 물 빠짐이 좋으며, 항상 서늘한 자리의 주변이면 어김없이 있었다.

산삼은 섬 지역을 제외한 전국 어디에서나 발견된다. 부산의 금

정산에서도, 심지어 서울의 남산에서도 발견되었다.

한 가지 독자들에게 말해 두고 싶은 것은, 우리나라에서 발견되는 산삼의 거의 대부분은 10년 내외가 90% 이상이며 20년 내외가 99% 이상이라 해도 결코 틀린 말이 아니라는 것이다. 100년으로 감정되는 산삼의 실제 나이를 보면 20년에서 30년 이내이며, 150년, 200년을 감정하는 산삼은 50년 내외의 산삼이라고 보면 틀림없을 것이다.

참고로, 산삼은 실제 감정으로 15년 정도 되면 최상의 효과를 볼 수 있다. 그렇다면 산삼이 그 값어치만큼의 효과가 있을까?

이 물음에 대해 내가 경험한 바를 이야기하겠다.

나는 현재 희귀성 난치병인 다발성경화증을 앓고 있는데 이 병을 앓고 있는 환자들 중에서 나만큼의 건강 상태를 유지하고 있는 환자는 없다. 감기 역시 가끔은 걸리지만 하루 저녁만 푹 쉬면 씻은 듯이 낫고, 지금도 술을 먹으면 소주 두세 병 정도는 가볍게 마시는데 숙취를 별로 못 느낀다.

결국 그동안의 경험상 위장, 간, 장 등에 아주 효과가 좋았으며, 암환자가 병원에서 진단한 생존 기간보다 대부분 서너 배를 더 살다 가는 것을 직접 목격하기도 했다. 또한 고통이 이루 말할 수 없이 심하다는 암환자들이 세상을 뜰 때까지 전혀 고통을 못 느끼는 것을 수차례 목격했지만 그 분야에 전문가가 아닌 이상 더 이상의 과학적인 접근 방법이 없어 안타까울 따름이다.

여기서 말하고 싶은 것은, 앞서 말했듯이 신문이나 방송에서 나왔던 기사들은, 어떤 연유로 그런 기사를 내보냈는지는 알 수 없지

만, 모두가 산삼을 팔기 위한 미끼이고 허위라는 사실이다.

실제로 필자는 몇 년에 걸친 그 기사들을 모두 스크랩해 놓았는데, 신문에 나왔던 산삼 사진을 비교해 보면 매년 똑같은 산삼을 순서와 방향만 살짝 바꾼 상태에서 촬영된 것으로 판명되었다. 기사 내용 또한 '전설의 고향'에서나 나올 법한 내용으로 포장된 허위기사였음을 확실히 해두고 싶다.

산삼배양근에 관한 소견

과학이 발달하더니 이제 인간이 달나라를 갔다 왔다는 이야기는 옛날 동화 속에서나 나오는 토끼와 거북이 이야기처럼 되어 버린 지 오래다.

앞으로는 우리의 삶에 과학의 힘이 미치지 않는 곳이 없게 되어 요즘 분위기대로라면 이젠 암에 걸려도 암세포만 공격하는 알약 몇 개만 복용하면 완전히 치유되는 시대가 머지않아 도래될 것으로 믿는다.

그동안 그렇게도 산삼 열풍이 불더니 이제는 어느새 통 속에서의 조직배양을 통해 원하는 양만큼 산삼을 만들 수 있다고 한다.

그동안 한여름 무더위 속에서 산삼을 캐러 다니느라 벌레도 물리고, 사나운 벌떼나 소름끼치는 독사를 만나 생명의 위협을 느끼기도 하고, 심지어는 옷 속으로 송충이가 꿈틀거리고 돌아다녀도 모른 채 비지땀을 흘리며 온 산판을 누비고 돌아다녔었다. 그리고 몸이 가려워 긁다 보면 옻에 오른 듯 온몸이 톡톡 불거져 나와 몇 날 며칠을 두고 가려움증 때문에 잠 못 이룬 적이 한두 번이 아니었다.

그렇게 갖은 고생을 하며 한 뿌리 한 뿌리 캐서는 남들이 알까 모를까 먹어오던 산삼이 이제는 산삼 한 뿌리만으로 그와 똑같은 산삼을 무한정으로 만들어 낼 수 있다니 참으로 놀라지 않을 수 없다.

그런데 그 배양산삼은 향도 맛도 성분도 기존의 산삼과 똑같아 산삼으로서 얻을 수 있는 모든 것을 얻을 수 있다고 하니 이 또한 아니 놀랄 수 없다.

모 대학교에서 배양산삼을 만들기 위해 어렵사리 산삼을 구했다며 감정해 달라기에 내가 그 산삼을 감정해 준 일이 있다. 당시에는 말이 감정이지 그 사람보다 내가 산삼을 좀 더 안다는 것 외엔 별다른 도움이 될 수 없었지만, 조심스럽게 꺼내 놓는 그 산삼을 보고는 기가 막혔다.

한 뿌리에 30만 원을 주고 구입했단다. 값도 값이지만 효능가치도 없는 단지 야생삼에 불과해서 내가 보관하고 있던 작지만 약성이 좋은 지종산삼을 몇 뿌리 그에게 주며 이왕이면 이 산삼으로 배양을 하라며 기증했다. 그러고는 한 가지 조건을 붙였다. 내가 산삼의 효능에 대한 전문적인 지식이 없으니 산삼과 장뇌와 인삼에 대한 성분검사를 하면 반드시 그 자료를 내게 넘겨 달라고 요구했다.

그는 흔쾌히 수락했지만 그 후 약속은 지켜지지 않았다. 그러나 아는 지인으로부터 소개 받은 사람이었기에 더 이상 그 일에 대해 문제 삼지 않고 있었는데 그에게서 또 다른 부탁이 들어왔다. 산삼 배양은 이미 성공하여 대량생산을 하고 있지만 그 배양산삼을 판매하기 위해서는 반드시 최소 100년짜리의 감정서가 필요하다는 것이었다. 그렇지 않으면 그 배양산삼을 판매하는 데 어려움이 있으니 산삼 감정서를 만들어 달라고 부탁해 왔다.

고심 끝에 전국에 내가 알고 있는 심마니들을 동원하여 산삼 100년 근 감정서를 만들어 보려고 백방으로 노력했다.

참고로, 산삼 감정서를 발행하는 곳은 국가 공인이 아닌, 누구든 몇 명이서 그럴싸한 이름을 붙인 산삼협회를 만들어 사단법인으로 등록만 하고 감정서를 발행하면 된다.

현재에는 산삼 관련 협회가 이름을 다 댈 수 없을 만큼 많으나 당시에는 산삼과 관련된 협회가 두세 군데에 불과하여 두 곳에 은밀히 100년 근 감정서 발행을 의뢰했더니 약간의 비용이 필요하다며 간단히 곧바로 해줄 것처럼 대답했다.

그러나 다행인지 불행인지 그 시기에 남발된 산삼 감정서로 인해 그 협회와 어떤 사람들 간에 법정싸움이 벌어져 50년짜리 감정서밖엔 못 만들겠다고 하여 결렬된 적이 있다.

결국 감정서는 다른 누군가가 80~100년 근의 허위 감정서를 만들어 주고 1,000만 원에 그 사람이 정하는 산삼을 볼 것도 없으려니와 묻지도 말라며 산삼을 구입하는 조건으로 감정서를 만들어 받았다는 전갈을 받았다.

당시 모 대학에서 배양에 성공한 배양산삼은 현재도 시중에서 여러 가지 음료와 그 외 첨가물에 섞어 절찬리에 판매되고 있지만, 문제는 당시 허위로 만들었던 산삼 100년 근 감정서는 오늘날까지도 신문이나 기타 광고 등에 이용되고 있다는 점이다.

또 당시 그 대학교 담당자는 그때 발급받았던 산삼 감정서를 내게 이메일을 통해 사진을 보여 주며 산삼을 되팔아 달라는 연락이 와서 사진으로 감정해 본 결과 명확히 한 치의 오차도 없는 중국산 장뇌였다.

따라서 나는 도저히 소개가 불가함을 그 대학교에 알렸고, 결국 그 중국산 장뇌는 다른 사람에게 100년 근 산삼 감정서를 보여주고 1,500만 원을 받고 되팔았다는 이야기를 전해들을 수 있었다.

더 우스운 것은 당시의 그 중국산 장뇌는 실제로 먹어서도 안 되지만 단돈 1만 원이면 얼마든지 구입할 수가 있었고 현재도 1만 원이면 얼마든지 구입할 수 있다.

과연 배양산삼이 성분 면에서는 산삼과 같을지 몰라도 실제로 산삼과 같은 효과가 있을지 의문이다. 더구나 실제로 존재하지도 않는 '100년 근 산삼' 이라는 정체 모를 산삼으로 배양을 해서 각종 약품이나 음료로 생산되고 있는 현실에서 회의적인 생각이 든다.

설령 실제로 100년 근 산삼이 있고 또 100년 근 산삼으로 배양했다손 쳐도 그 진위는 믿을 수 없으며, 자연 상태에서 자라서 약성이 탁월한 산삼과의 차이는 확연히 다를 것으로 판단한다. 문제는 '100년' 이라는 숫자인데, 그런 산삼이 있다면 얼마나 좋겠느냐마는 적어도 우리나라에는 그런 산삼이 존재하지 않는다.

제비동자꽃

산삼과 관련된 협회의 남발에 관해

우리나라에는 산삼과 관련된 협회가 줄잡아 30군데도 넘어 이제는 일일이 다 그 이름을 열거할 수도 없다.

계속해서 수없이 만들어지는 산삼 관련 협회들의 속 내용을 들여다보면 협회의 주목적은 단순히 돈을 벌기 위한 수단에 불과하다는 점이다. 현재 우리나라에는 이름만 대면 금방 알 수 있는 산삼 관련 협회에서부터 듣지도 보지도 못한 협회에 이르기까지 수많은 협회가 난무하고 있다.

문제는 감정서다. 해당 협회에서는 협회의 이름으로 그럴듯하게 감정서를 만들어 산삼과 함께 판매하는데, 그렇게 감정서를 첨부하면 당연히 그만큼 더 신뢰할 수 있겠지만, 사실은 그로 인해 쉽게 함정에 빠질 수 있다는 맹점이 있다.

그렇다면 우리나라에서 과연 믿을 수 있는 협회는 어디일까?

본질은 이렇다.

산삼 감정서를 발행하는 감정사도 국가에서 인정하여 발행하는 자격증을 취득하는 것이 아니고 산삼 관련 협회에서 자격증을 만들어 준다. 따라서 산삼 감정서도 국가공인이 아니며 산삼 관련 협회의 이름으로 발행을 하게 된다. 그러니 결국 진위는 그들의 양심에 맡길 수밖엔 없는 형편이다.

하나 짚어 보자.

앞의 글 '신문기사에 실리는 100년 산삼에 관한 진실' 에서 밝혔듯이 우리나라의 상황에서 60년 근 이상의 산삼은 나올 수 없다. 즉 6.25전쟁 이후에 재배된 인삼밭에서 씨앗이 산지에 퍼졌다고 봐야 한다.

인삼은 주로 4년 근부터 씨앗이 매달린다. 그리고 그 씨앗을 새들이 먹고 배설해서 나온 야생삼은 다시 7~8년이란 세월이 흘러야만 다시 씨앗을 맺게 된다. 이때부터 비로소 산삼의 시작이 된다. 즉 6.25전쟁이 끝나고 나서 휴전된 1953+4+7=1964년이 우리나라의 산삼 시작 연도라 할 수 있다.

인삼의 씨앗을 먹고 새들이 배설하여 나온 삼을 야생삼 또는 조복삼이라 부른다. 그러나 이 야생삼은 절대로 10년 이상은 살지 못한다. 인삼의 최대 수명이 6년인 점을 감안하면 쉽게 이해할 수 있을 것이다.

결국 산삼 관련 협회를 만드는 이유는 협회 회원들의 의도대로 감정서를 발행할 수 있어서 산삼을 쉽게 팔 수 있고 쉽게 돈을 벌 수 있기 때문이다. 그래서 아직도 산삼 관련 협회가 수없이 생겨났다가 수없이 없어지는 일이 반복되고 있다.

그 감정서의 위력은 대단하다. 극단적으로 비약하자면 멀쩡한 인삼밭의 인삼도 그들이 산삼 100년 근이라 감정하면 그렇게 되는 것이다. 그래서 문제가 생긴다면 법정에 가서 가릴 일이고 그 전까지는 감정 권한이 협회에 있으므로 자기들이 보유하고 있는 산삼을 상대에 따라 때로는 비싸게, 또 때로는 싸게도 마음대로 판매할 수가 있다.

결국 이 문제의 시시비비를 가리자면 당연히 법정으로 가야겠지만, 산삼에 관해 잘 알지 못하는 법관도 문제려니와 누구든지 대부분 먹고 난 뒤에 속은 것을 알기 때문에 증거를 쉽게 찾을 수 없다는 데 문제가 있다.

산삼 관련 협회장이나 그 지역의 지부장은 이미 일면식이 있는 상태에서 쉽게 믿고 먹기에 이를 악용하는 사례가 적지 않다.

실제 매스컴에서도 그 사건을 다룬 적이 있는데 산삼을 직접 보지 않아 그 진위는 모르겠으나 산삼을 구입해 먹은 사람의 변을 들어 보면 이러했다.

평소에 잘 알고 지내는 사람이 국내산 산삼이라며 권해서 돈은 나중에 주기로 하고 아주 비싼 값에 구입해 먹었는데 나중에 알고 보니 국내산 산삼이 아니라 중국산 장뇌였다. 속은 것을 안 그 구매자는 돈을 갚지 않았고, 그러자 장뇌삼을 산삼이라고 속여 판 사람이 오히려 구매자를 고소해 사기혐의로 처벌받는 기가 막힌 사건도 있었다.

이처럼 산삼 관련 협회를 만들고 장사하면 다른 사람들이 쉽게 인정하므로 그런 협회들이 우후죽순 격으로 생겨나는 것이다.

더욱 우스운 것은, 어떤 산삼 관련 협회의 예를 들자면, 일부 지역을 제외한 전국 대부분의 지역에서는 해당 지역의 협회에 일정 비용의 가입비를 내고 가장 먼저 가입하는 사람에게, 산삼에 관해 알든 모르든 경력과는 무관하게, 관심만 있으면 그 주소지 지역의 지부장이란 감투를 씌워 준다. 그리고 실질적으로 그 지부장들이 알아서 판단하고 감정한다.

감정서를 발행하려면 협회에 일정액의 수수료만 내면 되고 그 감정서는 정식으로 그 협회의 이름으로 발행되므로 입맛대로 만들 수가 있다. 그래서 쉽게 100년이든 120년이든 감정서가 발행되고, 기본이 70~80년짜리 감정서가 발행된다.

그러나 앞서 설명했듯이 우리나라에는 100년짜리 산삼이 없고, 여러 상황으로 미루어 볼 때 우리나라 산삼의 최대 수령은 60년으로 보는 게 틀림없을 것이다.

감정이란 산삼의 생김새나 뇌두의 개수와 굵기 등을 보고 명확히 판단해야 하지만, 산삼을 모르는 사람들에게 사실 감정에 관해 이야기한들 그들이 알아들을 수도 없으며 구매자 입장에서는 판매자와 대부분 일면식이 있기 때문에 그들이 제시하는 감정서만 보고 모든 것을 쉽게 믿어 버리게 된다.

결론적으로 산삼과 관련된 협회는 그 어느 곳도 추천할 만한 곳이 없으며, 최근 국내에 거래되고 있는 산삼의 대부분은 외국산으로 봐야 된다. 거기다 전 세계적으로 사용이 금지된 유기수은이 함유된 농약을 사용해 재배되는 중국산 장뇌가 대부분을 차지할 것으로 본다.

그 이유로, 최근 들어 국내 산지에서 산삼이 채취되는 양이 현저히 줄었고, 그동안 많은 양의 산삼을 채취했기 때문에 그만큼 유통과정에서 공급되는 양이 많이 줄어서 외국산이 들어올 수밖에 없는 여건이 되었기 때문이다.

국내에 유통되는 외국산 산삼이나 장뇌는 주로 중국, 북한, 그리고 미국, 호주, 캐나다 산 등이다.

결국 이런 이유들로 인해 산삼은 불신의 늪에 빠지게 되어 먹고

금강애기나리

싶어도 믿을 수가 없으니 구입해 먹을 수가 없고, 또 심마니 입장에서는 온갖 극한 고생을 하며 캐 와도 팔 데가 없는 것이 현실이다.

한 번 더 강조하고 싶은 말은, 우리나라에는 국가에서 공인된 산삼 관련 협회가 없고, 산삼 감정사 역시 국가가 인정해 주는 국가 발행 자격증이 아니라 산삼 관련 협회를 만들게 되면 그들 마음대로 그 협회 명의로 발행되기 때문에 도저히 믿을 수 없는 게 감정서란 사실이다.

인터넷 동호회 사이트를 만들다

인터넷 사이트라는 게 여기저기 가입해서 자기가 편한 대로 활동하면 그만이므로 '소속' 이라고 표현하는 것은 왠지 촌스럽게 느껴진다.

전에 활동하던 '난 취미 사이트' 에서 말도 안 되는 상황을 겪고 조용히 나와 지내는 과정에서 전에 활동하던 사이트에서 같이 마음을 주고받던 몇몇이 서로 필요 하에 사이트 하나를 개설하기로 하였다.

사이트의 규정은 필요와 불필요를 명확히 구분해서 누구든지 분탕질하는 사람들은 언제든 배제할 수 있도록 정했다. 누구든 잘못된 부분에 대해 건의하면 개선할 수 있고 내 것이라는 주인의식으로 가족 같은 분위기로 가기 위해 '가족처럼, 친구처럼, 형제처럼' 이라는 슬로건을 내걸고 인터넷 홈페이지를 개설했다.

사이트 이름은 '산삼과 난' , 운영자는 '이명식' , 아이디는 '황산별' 로 정하고, 각 지역별로 지부를 두어 지부장은 운영진으로서 운영자를 보좌하는 역할을 하게 된다.

회원 가입은 좀 엄격하게 하여 정회원은 가입비 10만 원을 내도록 하여 운영비로 썼고, 정회원이 되면 각종 정보를 공유하되 만약을 대비해 사이트에 해가 되거나 밖으로 사회에 문제를 일으키면 가차 없이 각 지역별 운영진들의 합의하에 강제 퇴장시킬 수 있도록 정하였다.

더구나 회원으로서 산삼을 판매할 때에는 정상적으로 할 것을 지속적으로 요구하며, 누구든 산삼을 구입하게 되면 상세한 사진을 사이트에 올려서 회원들로부터 확인을 받기로 정했으므로 그런 문제로 인해 사이트에 혼란이 오지는 않았다.

그러나 여기서도 산삼이 큰돈이 된다는 것을 모르는 사람은 없는 것 같았다.

사이트 회원들에게 판매는 마음 편히 못하더라도 매스컴을 교묘히 이용하여 이제 산삼을 안 지 2년도 채 안 된 사람이 산삼 전문가로 활동하는 것이었다.

한 마디로 어이없는 짓을 하는 사람이 나타나서 한동안 주시하고 있었는데 판매 방식은, 일단 산에서 산삼을 만나게 되면 캐지 않고 다른 사람들이 발견할 수 없도록 교묘히 감추어 놓았다가 산삼을 구입할 사람이 나타나면 그를 산지로 데리고 가서 직접 캐 주는 방식이었는데 그 값을 얼마나 비싸게 받았던지 입이 딱 벌어질 정도였다.

그러나 이 방식에 속아 넘어가는 사람들은 불신의 시대에 그동안의 방식에서 벗어난 수법이기에 속수무책으로 당하고 있다는 사실을 모르고 있었다.

산으로 가서 직접 산삼을 캐 준다니 우선 믿음이 갔을 테지만 큰 문제점은 산삼은 얼마나 오랜 세월을 고생하며 살았느냐에 따라 값이 천차만별이다.

그리고 산으로 가서 직접 산삼을 캐 준다고 해서 약성이 그만큼 더 있는 것도 절대 아니다. 더구나 요즘은 판매자가 미리 산에다가 1년 전쯤 중국산 장뇌를 은밀한 곳에 심어 놓기도 하는데, 그 장뇌에서 싹이 나오면 겉으로는 자연산 산삼과 전혀 다름없는 상태가 된다.

구매자의 입장에서 이런 고단수의 판매자를 따라 산으로 가서는 그가 눈앞에서 직접 캐어 주는 산삼을 구입하는데 그 어떤 의심이 들겠는가?

결국 그 회원은 가차 없이 강제 퇴장을 시켰고 그 후유증은 얼마 지나지 않아 사그라졌다. 그러고 나서 나중에 다시 들려온 이야기로는 덩치만 거대한 산삼을 캐어서 여기저기 자랑하고 다니더니

그 산삼을 들고 서울 강남의 한의원만 돌며 판매처를 물색한 후 그 한의원에서 소개해 주는 사람에게 고액의 돈을 받고 산삼을 팔아 한몫 단단히 챙겼다고 한다.

그런데 서울의 돈 많은 부자들에 대한 내 생각은 참으로 이상하게만 느껴졌다. 서울 사는 사람이 산삼을 구입하기 위해 내게 의뢰를 해 와서 심마니와 직거래를 하도록 소개시켜 주는 과정에서, 그 당시 그 장뇌급 산삼 다섯 뿌리 값의 합계가 300만 원이면 족했는데, 그 산삼을 보고는 크기가 작다며 흠을 잡더니, 값이 얼마냐고 묻기에 300만 원이면 될 것 같다며 심마니에게 다시 그 값을 물어 확인시켜 주자, 갑자기 산삼 구입을 거부해 버리는 것이었다. 이유인즉 산삼의 크기가 너무나도 작고 값이 너무 싼 것을 보니 가짜 같다는 것이었다.

산삼의 질도 보통 이상은 되고 해서 신중을 기해 이야기했는데 이상하여 내가 다시 물었다, 그럼 어떤 산삼을 원하느냐고.

그러자 그가 하는 말이, 이보다 좀 더 크고 값은 좀 비싸도 좋으니 최상품의 산삼을 달란다.

그래서 그 심마니에게 다시 이번엔 덩치가 좀 있는 산삼으로 다섯 뿌리를 가져오라 해서 보여 주며 말했다.

"이 정도면 되겠습니까? 이 산삼이 바로 손님께서 요구하신 크고 좋은 산삼입니다. 그런데 값이 좀 셉니다."

그러면서 3,000만 원을 요구하니 그때서야 흡족한 웃음을 띠며 두말없이 고맙다며 사들고 간다.

그 모습을 보며 우리 두 사람은 어이가 없어서 한없이 웃을 수밖에 없었다.

"아하, 돈은 이렇게 버는 거구나!"

사실 그 산삼은 100만 원이면 구입할 수 있는 야생삼이었다.

이 책의 뒷부분에서 밝히겠지만 산삼은 절대로 덩치만 크다고 해서 약성이 좋은 것이 아니다. 자생 상태가 어떤 곳이냐에 따라 다르지만 산삼은 자연에서 대를 거치면서 당연히 뿌리가 작아지고 가늘어진다.

그 뒤로도 그 사람은 몇 차례나 더 그 심마니를 찾아와서는 직거래로 산삼을 구입해 갔다고 한다.

큰주홍부전나비

시간이 흐르고 계절이 바뀌면서 산삼 때문에 입소문으로 인해 인터넷 동호회 '산삼과 난' 은 수많은 회원들이 가입했다. 2003년 7월 정기 모임은 충북 영동에서 있었는데 그날 산삼 채취 행사 때 캔 산삼은 몸이 아프고 사회적으로 도움이 될 만한 사람을 선정해 모두 기증하기로 했다.

그 당시 동호회 운영진 중에서 전남 광양의 '광양제철' 에 근무하는 김 모 씨라는 사람이 있었는데, 그가 다니는 광양제철에 근무하는 직원 가운데 한 사람이 간경화로 인해 삶을 마감할 수밖에 없던 차에 고등학교에 다니는 두 아들이 간 이식을 해주어 사회적인 이슈가 된 적이 있다.

그때 그 효성에 감복한 사람들이 그 사실을 언론에 제보하여 각 주요 일간지에 크게 소개된 적이 있는데, 그 광양제철에 함께 근무하는 그 사람으로서 이 좋은 기회를 놓칠 수가 없었던 것이다. 그래서 그 김 모 회원은 그 산삼을 그 환자에게 기증하자고 제의해 왔고, 그 결과 그날 참가한 회원 모두의 만장일치로 그날 캔 산삼을 그 환자에게 모두 기증하게 되었다.

그 후 생각지도 않게 우리 사이트가 소란해졌는데, 그 사실을 언론에서 어떻게 알았는지 주요 일간지와 각 방송사에 내용이 소개되며 우리의 인터넷 동호회 '산삼과 난' 은 유명세를 타게 되었다.

사이트 서버가 다운될 정도로 며칠 동안 혼란이 오면서 여기저기 신문사와 방송사의 인터뷰와 개인별로 도움을 요청해 오는 사람이 너무 많아 그들 가운데 몇 명만 더 어렵사리 선정해 또 조용히 산삼을 기증하기도 했었다.

그 사연을 듣자면 눈물을 흘리지 않고서는 도저히 들을 수 없을 정도로 기구한 사연들이 많았다. 일산에 사는 한 여성은 본인이 암 투병을 하며 항암 치료를 받는 중에 설상가상으로 아들마저 갑자기 소아암으로 판명되었는데, 아들에게 뭐라도 좀 해주고 싶지만 본인의 암 치료비로 돈이 거의 다 소진되어 어찌할 수 없어 발만 동동 구르고 있다며 어떻게 도움을 좀 받을 수 없겠느냐고 사정해 왔다.

정말이지 나 역시 현대의학으로 치료하기 어려운 희귀성 난치병 환자지만, 그 사연을 듣고 나서 가슴이 울컥하여 며칠 동안을 두고 얼마나 가슴이 아팠는지 모른다.

그 사연을 듣고 나서 나는 정말 어렵게 산삼을 직접 캐고 또 회원들의 도움을 받아 두어 차례 산삼을 보내 주었는데, 나중에 내가 다발성 경화증이 재발되어 서울삼성병원에 입원해 있을 때 문득 생각이 나서 그녀에게 전화를 걸어 보니, 아기가 갑자기 이상해져서 응급실에 들어가 있다며 울먹인 목소리로 전화를 받았다. 그러고 나서 3일 후 좋은 세상으로 떠났다며 전화로 알려와 한참 동안 머리가 하얘지며 슬픔을 같이 한 적이 있다.

그렇게 조금이라도 사회에 보탬이 되고자 열심히 살아왔지만 세상일이 내 마음대로 안 되는 것은 사람들의 속마음을 알 수 없었기 때문이다. 실망을 금할 수 없었던 여러 가지 사건을 이유로 사이트 명을 개명하기로 했고, 그 산삼 때문에 글로 남기고 싶지 않은 일들과 운영진 중 일부의 배신 등 염증이 날 정도로 여러 가지 불미스런 일이 많이 발생하였다. 또 앞으로 그런 일들이 반복되면 사이트 운영에 엄청난 부담이 될 것 같아 산삼에서 '삼' 자를 뺀 '산과 난' 으로 개명하였다.

그리고 23년 동안 경영해 오던 나의 서점을 건강상의 이유로 더 이상 유지할 수 없게 되었고, 후계자를 찾지 못해 내 손으로 접으며 운영자로 있던 '산과 난' 도 같이 활동하던 운영진 중에서 필자보다 더욱 유능하고 통솔력이 있는 분에게 인계한 후 사이트에서 탈퇴하고 조용히 내 갈 길을 찾았다.

⬆ 절국대

그토록 아끼던 우리 사이트가 지금은 판매 장터로 변해 버려 운영진 중에 더러 산삼을 속여 파는 행위를 하고 난을 판매하는 장터로 변해 버린 게 못내 안타깝기만 하다. 한때는 나의 전부라고 해도 과언이 아니었던 사이트, 그 '산과 난' 에 대한 서운함과 소원함은 아직도 좀처럼 지워지지 않는다.

곱하기 5, 나누기 5

지금까지 여러 차례 밝혔듯이 산삼 감정에 관한 글이다.

물론 뒤에서 다시 한 번 상세히 설명하겠지만 산삼 감정의 실체에 관해 확실한 설명이 필요할 것 같다.

산삼이 나오는 가장 오래된 기록은 중국 문헌으로 양나라 도홍경(陶弘景)이 지은 의학서적 『신농본초경집주』에서 산삼을 언급하였고, 1123년 송나라 서긍의 『선화봉사고려도경』에도 '고려인삼은 고려 전역에서 나온다' 라고 언급되어 있으며, 1578년 명나라 이시진이 쓴 『본초강목』에는 '한국이 삼국시대 때 자국에서 채취한 산삼을 중국에 수출하였다' 는 대목이 나오며, 고려시대 662년 문무왕 때 김부식의 『삼국사기』에 '나당 연합군에게 인삼을 조공으로 바쳤다' 는 기록이 나오는데 이 기록이 우리나라의 산삼에 관한 최초 기록이다.

또한 고려시대 김택영(金澤榮)의 『증보문헌비고(增補文獻備考)』, 『중경지(中京誌)』에 '전라남도 화순 동북의 모후산에서 우리나라 최초로 인삼을 재배했다' 는 기록이 나온다. 물론 당시의 인삼이란 지금의 산삼을 말하는 것이며, 지금의 산삼이란 인삼이 본격적으로 재배되면서 다시 붙여진 이름으로 전해져 내려온다.

인삼이란 뿌리가 사람(人)을 닮았다 하여 붙여진 이름인데 옛날에 산삼이 주로 생산되던 지역은 현재 백두산을 비롯한 연해주 일대에서 발견되었던 것으로 기록되어 있다. 지금도 산삼의 명산지를 강원도로 지목하고 있는 이유도 바로 대한민국에선 강원도가 북한에 가까운 지역이기 때문인 것으로 추정된다.

그러나 인삼의 집산지는 개성과 금산, 풍기인데, 그 이유는 주변에 그만큼 인삼 재배하는 곳이 많았기 때문이다. 현재도 소백산을 비롯한 금산 일대가 고랭지라서 인삼 재배하기가 가장 적합한 지역으로 꼽힌다.

기록에 보면, 지금은 불가능하지만 최소 수백 년의 수령을 가진 산삼이 발견될 수도 있었을 것이다. 그러나 우리나라의 현실을 보면 1945년 해방되기 전에 이미 일제에 의해 우리나라의 삼림은 황폐화되어 있었고, 1950년 6.25전쟁이 발발하면서 우리나라 삼림은 대부분 불타 버려 지금의 북한을 보듯이 거의 모든 산이 벌거숭이 민둥산이 되어 버렸다.

따라서 산삼의 특성상 반음지식물이기 때문에 6.25전쟁을 끝으로 본래의 산삼은 대부분 멸종되었다고 보는 게 맞다. 그리고 그나마 간신히 남아 있던 본래의 천연산삼인 천종산삼도 그동안 전통 심마니들의 손에 의해 또다시 멸종되었다고 봐야 한다.

그래도 끈질긴 생명력으로 살아남은 천종산삼으로 추정되는 산삼이 1년에 한두 뿌리 정도는 발견되고 있으나 그렇다고 100년이니 200년이니 하는 천종산삼은 있을 수 없다고 보는 것이 정확한

⬆괴자주괴불주머니

이야기다.

그리고 다시 우리나라의 산에 산삼이 자생할 수 있게 된 것은 박정희 대통령 집권 시기에 있었던 산림녹화사업의 결과물이다. 그로 인해 울창한 숲으로 변화되어 또 다시 우리나라의 산에서 산삼이 발견되고 있는 건 사실이지만 그 모두는 인삼 재배에서 파생된 결과물이다. 인삼의 씨앗이 다시 조류(鳥類)에 의해 야생에 옮겨지면서 산삼이 재발견되게 된 것이다.

산삼 감정에 관한 글은 뒤에서 다시 다루겠지만, 지금까지 이렇게 장황하게 설명한 이유는 바로 이 장(章)의 제목에서 보는 바와 같이 '곱하기 5' 에 대한 진실을 밝혀내기 위함이다.

앞에서도 밝혔듯이 현재 우리나라에는 60년 이상 되는 산삼은 단연코 없다는 사실이다. 그동안 나는 50년 근으로 추정되는 산삼은 수차례 만나 보았으나 그 이상 되는 산삼은 아직까지 한 번도 접해 본 적이 없다.

심마니들의 산삼 감정에서 '곱하기 5'를 하는 이유는 두 가지 이유가 있다.

첫째, 지금까지 우리가 알고 있던 산삼에 대한 전설적인 이야기나 일반인들이 알고 있는 산삼이란 무조건 100년은 되어야만 아주 좋은 산삼으로 인식되고 있기 때문이다. 그래서 필자의 경우도 산삼을 소개해 줄 때 산삼의 수령을 두 가지로 설명해야 하는 번거로움이 있으나 '곱하기 5'를 하는 이유를 반드시 설명해 주고 있다. 즉 실제 20년 근 산삼의 약성은 그야말로 최고라 해도 좋으나 산삼 20년 근이라 하면 거들떠보려 하지도 않는 실소비자들의 태도가 문제이다.

한 마디로, 매스컴에서 '100년 근'이라고 말한다면 그 실체는 '20년 곱하기 5'라고 보면 된다. 그렇게 부풀리는 이유는 실소비자들의 요구에 의한 어쩔 수 없는 고육책이라고 할 수 있다.

물론 비난은 면키 어려우나 먹을 사람들이 찾는 산삼은 100년 근 이상이고 실체는 없는 상황에서, '산삼의 가장 큰 효과는 심리적인 치료다'라는 말이 있듯이, 설령 20년 근의 산삼을 20년 근으로 알고 먹었을 때보다 100년 근으로 알고 먹었을 때의 치료효과가 훨씬 웃돈다면 그나마 다행이지 않을까싶다. 다만 여기서 문제가 되는 것은 가격인데, 산삼의 수령을 솔직하게 몇 년 근짜리라 말하고 가격을 얘기하는 것과 '곱하기 5'로 속이고 말하는 것과는 이야기가 많이 달라진다.

그래서 필자는 구입하는 사람과 먹는 사람이 다를 경우 반드시 이런 이야기를 모두 해주며 소개하곤 하는데 그 효과는 상상 이상이었다. 즉 대부분 본인이 먹기 위해 산삼을 구입하기보다는 가족에게 주기 위해 구입하곤 하는데 먹을 사람에게 사실대로 몇 년 근이라고 이야기하는 것보다는 설령 1,000만 원에 구입한 20년 근 산삼이라 하더라도 1억 원에 구입한 100년 근 산삼이라고 이야기하면 비싼 만큼의 효과를 볼 수 있다는 것이다.

이처럼 '곱하기 5' 라는 말을 어떻게 쓰고 어떻게 받아들이냐에 따라 커다란 차이가 있다.

앞으로는 누군가가 '70년 근, 100년 근' 하고 이야기하면 거꾸로 '나누기 5' 를 해서 '14~15년 근이구나.' 또는 '20년 근이구나.' 라고 받아들이면 의혹도 오해도 없을 것으로 생각된다.

이보다 더 중요하게 생각해야 할 부분은 진짜 국내산이냐 아니면 중국산이냐를 구별할 수 있는 안목인데 이 책에서 말하는 '산삼에 대한 기본' 을 안다면 절대로 속을 일은 없을 것이다.

둥근바위솔

산삼의 새로운 면을 보다

그동안 나는 산삼을 캐면 대부분 나 자신이 먹고 단 한 뿌리도 돈으로 환전해 보지 않은 게 지금은 바보가 된 기분이다. 내 몸이 아파 건강상의 이유로 산삼을 캐러 다녔는데 그렇게 산삼을 자주 캐다 보니 주변에 왜 그렇게 아픈 사람도 많고 산삼을 달라는 사람

오미자

도 많은지 여기저기 나눠주다 보니 산삼을 팔 틈이 없었다.

참 묘한 건 산에서 산삼을 만나면 순간적으로 생각지도 않은 사람의 얼굴이 산삼에 오버랩 되는 때가 있다. 그러면 그 산삼은 여지없이 그 사람의 몫이 되곤 하는데 아마도 그래서 산삼을 두고 영물이라고 하나 보다.

그동안 나는 암에 걸린 사람을 비롯해 당뇨로 고생하는 사람, 간이 안 좋은 사람, 위장이 안 좋은 사람, 심지어 디스크를 앓는 사람들에 이르기까지 아프다고 하소연하면 내가 캔 산삼을 모두 무료로 나누어 주곤 했다. 그래서 결과적으로 본의 아니게 임상실험을 해 온 격이 되었는데 묘하게도 여러 병에서 때로는 기적 같은 일까지 벌어지는 데서 사실은 신명이 났는지도 모르겠다.

처음 산삼을 구입해 먹었을 때 산삼에 관한 기억은 별로 남아 있지 않다. 그저 산삼이려니 하는 생각 외엔 별다른 느낌 없이 산삼을 먹었는데 10여 차례 산삼을 먹는 동안 그때마다 다른 맛이 나는 것을 알게 되었다.

지금 추정해 보건대 처음에 먹었던 산삼은 아마 5~6년쯤 된 야생산삼이었던 것 같다. 그래서 향도 맛도 별로 느껴보지 못했던 것 같다. 다만 두 번째, 세 번째 산삼에서 어쩌다 보니 비린 맛이 났었고 또 어쩌다 보니 강한 향이 온 집안에 퍼져서 지나는 사람들까지 뭘 먹기에 이런 향이 나느냐고 물을 정도였다.

참고로 나는 선천적으로 냄새를 맡지 못하는 장애가 있고 다만 입맛으로 구분을 하는데 언젠가부터 산삼의 향만은 느낄 수 있게 되었다. 향이 진동하면 그 향이 너무나도 황홀해 산삼의 구분을 향으로 하는 습관이 생겨났다.

그동안 수천 뿌리의 산삼을 캐고 봐오면서 그 잎사귀만 봐도 쉽게 구분할 수 있게 되었는데 지금 이 순간도 산삼의 쌉싸래하면서도 독특한 향이 코에 와 닿아 있는 것 같아 기분이 좋다. 그러한 향을 독자들에게 글로 전해 줄 수 없어 아쉽지만 좋은 산삼의 구별법 중의 하나이기에 이곳에 밝혀 두고자 한다.

먼저 인삼이나 1대 야생산삼의 경우 잎의 맛은 역시 쓰지만 향은 오래간다. 그러나 맛은 약간 비릿한 풀 맛이 나며 하루 종일 입에 향이 가득하다. 아주 좋은 지종산삼의 경우 그 잎을 먹어 보면 코끝에 전해지는 향 자체가 심해 재채기가 나올 지경인데 그 향만으로도 좋은 산삼의 구분이 가능하다. 실제로 내가 산삼을 먹다가 재채기를 하며 코피를 아주 많이 흘린 적이 있는데 그때 아마 맥주잔으로 한 잔 정도의 시커먼 피를 쏟은 것 같다.

오래 지난 이야기지만 세상에 산삼이 많이 알려지지 않았을 때 실제로 산에만 가면 산삼을 못 캐는 일이 없을 정도로 흔할 때가 있었다.

나는 산삼을 나와 내 가족들이 먹기 위해서 캤고 다른 사람들에게 나눠주는 재미로 캤다. 그러다 보니 자연히 산삼을 자주 많이 먹게 되었고, 그에 따라 약성 좋은 산삼을 구분하는 데 다른 사람들보다 일찍 눈을 뜨게 되었다.

사실 아무리 경력이 많은 심마니라 해도 산삼을 캐기가 무섭게 팔기에 급급하다 보니 자주 먹을 수가 없고 구전으로 전해 듣는 게 다였기에 비싼 값을 받는 산삼은 구분이 빠르나 맛이나 향은 잘 알지 못하는 경우가 더 많다.

재미있었던 것은 누군가가 나를 찾아와 산삼을 구입하고자 하면 내가 캔 것은 나 먹기에도 항상 모자라는지라 다른 심마니가 캐온 산삼을 소개해 주곤 했었다.

산삼을 구입하고자 하는 사람이나 파는 사람들은 무조건 싹대가 크고 뿌리가 크면 좋은 산삼으로 판단하여 심마니들은 그런 산삼의 값을 터무니없이 비싸게 요구하므로 나는 먹는 사람의 입장에서 적절한 값으로 조정해 소개를 해주었다. 하지만 구입하고자 하는 사람들에게 아무리 설명을 해줘도 큰 것만을 요구하는데 더 이상 할 말을 잃게 만든다. 그 차이는 아마 괘종시계와 오메가 손목시계 정도로 비유하는 것이 적절하지만, 그러다 보니 별 도리 없

노랑어리연

이 오메가 손목시계 격인 작은 것들은 얻어서 내가 먹기도 하고 구입해 가는 사람들에게 덤으로 끼워 주기도 했다.

그런데 그걸 눈치 챈 사람들은 그 다음에 구입할 때는 작은 것을 요구했고 초보 심마니들이 대부분이기에 심마니들조차 산삼을 구별 못 하니 사실 값도 훨씬 쌌다. 일단 몸통 색이 누렇고 뇌두가 길며 몸통에 주름이 짜글짜글 들어 있는 지종급 산삼은 소개해 주는 대가로 얻어먹었는데 크기가 다른 산삼들에 비해 너무 왜소해서 그들의 눈에는 돈이 안 되었었나 보다.

그러니 산삼을 팔고자 하는 심마니들에게 있어서 당연히 나는 VIP 고객이었고, 소개비를 주지 않아도 되며, 먹고자 하는 사람들이 많으니 큰 고객을 끌고 다니는 사람으로 판단되어 언제나 내가 요구하는 대로 다 들어주었다.

내가 직접 산에 다니며 캐는 산삼의 양도 만만치 않았지만 그렇게 소개를 해주고 나서 얻는 산삼의 양도 만만치 않아 그 산삼들만으로도 내가 먹을 양은 물론 내 주변 환자들의 수요에 웬만큼 충당이 되었다.

그때 받았던 그 작은 지종급 산삼들은 거의 대부분 20~30년 정도의 수령을 가진 아주 향이 진하고 질 좋고 약성이 좋은 산삼들로, 그걸 먹고 당뇨가 나았다는 사람도 생겨났고, 병원에서 암 진단을 받고 다시 한 번 정밀진단을 받아야 한다는 사람이 갑자기 암 덩어리가 사라졌다며 좋아하는 사람들까지 생겨나니 이보다 더 신명나는 일이 어디 있겠는가. 이는 아파 본 사람이 아니면 결코 느낄 수 없는 최고의 행복이 아닐까 싶다.

제3장

좋은 산삼 고르기

해오라비난초

대부분 크기와 모양만 따지는 사람들의 속성을 이용한 진실 감추기의 속셈은 각종 수법으로 나타나는데, 이 또한 산삼을 불신의 늪에 빠뜨리는 또 하나의 원인이 되고 있다. 산삼에 대해 문외한일 경우 자칫 속아 넘어가기 쉬운 점을 하나하나 짚어 본다.

산삼을 감별하는 법

산삼의 뿌리 모양을 보면 대체적으로 1대 야생삼은 우윳빛을 띠고 뇌두가 굵으며 대체로 토질에 따라 뿌리의 크기가 차이 난다. 영양분이 많은 비옥한 환경에서 자란 야생삼일 경우 어른 주먹보다 큰 산삼도 발견되고 웬만한 인삼 6년 근보다 더 굵은 산삼도 발견되나 영양분이 적은 척박한 환경에서 자라게 되면 역시 크기가 작아지게 되나 뇌두는 굵다.

조류나 기타 동물들에 의해 씨앗이 배설된 1대 야생산삼의 경우 산에서 자연적으로 자라게 되면 10년 정도면 수명을 다하게 되는데 인삼밭과 같이 비옥한 환경일수록 4년 정도면 4구로 꽃을 피우고 열매를 맺게 된다.

이렇게 한 번 열매를 맺기 시작하면 이후에도 매년 열매를 맺게 되는데 7월 초순경이면 그 열매가 빨갛게 익어 새들을 유혹하여 종족을 번식시킨다.

하지만 그 씨앗 모두를 새들이 먹는 게 아니라 주변에도 씨가 떨어져 2대 장뇌산삼을 낳게 되는데 간혹 산행을 하다 보면 주변에 있는 모든 산삼이 2대 장뇌산삼이기에 주변을 파헤쳐 보면 이미 수명을 다해 나무처럼 굳어버린 야생산삼이 발견되기도 한다.

2대 장뇌산삼의 특징은 1대 야생산삼보다 뇌두의 굵기가 몸통에 비해 현저히 가늘어져 있어 쉽게 구분할 수 있다.

산삼은 아무리 기후 변화나 기타 환경이 변해도 쉽게 썩는 법이 없어서 들쥐나 짐승 등에 의해 몸통의 대부분을 잃었다 해도 조건만 맞으면 서서히 스스로 회복한다. 몇 년 후에라도 나머지 남아 있는 부분에서 다시 싹을 올려 뿌리를 키워 가는 성질이 있다.

그리고 추운 겨울을 여러 해 동안 지내오면서 얼었다 녹았다를 반복하며 산삼역시 몸통이 줄었다 늘어났다를 반복하며 몸통에 가락지 모양의 주름살이 생기게 되는데 이 주름살이 산삼의 약효를 가늠할 수 있는 기준이 될 수 있다.

극한 상황에 고생을 많이 하며 자란 산삼일수록 약성이 좋은 것

만주바람꽃

으로 알려져 있다. 또한 여러 해에 걸쳐 봄이 되면 몸통의 실뿌리가 영양분을 찾아 서서히 경사면 위쪽으로 뻗어 가는데 척박한 환경일수록 이 실뿌리의 가닥이 많다. 실뿌리들을 통해 영양분을 흡수하다 주변의 영양분이 고갈되면 다시 서서히 위쪽으로 뿌리가 길어진다. 그러면서 몸통에 붙어 있던 수많은 뿌리들이 하나둘씩 소멸되며 남은 뿌리의 끝부분에 좁쌀만하고 둥글게 마무리되는데 이를 '옥주' 라고 한다. 뿌리의 중간 부분에 혹처럼 둥글고 콩알만한 흔적을 옥주로 잘못 알고 있는 사람도 있는데 이는 박테리아가 뭉쳐서 나타난 흔적에 불과하다.

이처럼 뿌리가 서서히 정리되면서 결국 한 가닥 내지는 두세 가닥만 남고 모두 정리가 된다. 그때쯤이면 몸통의 색깔도 우윳빛에서 서서히 누런빛으로 변하게 되어 오래된 한지 색깔처럼 변하게 되는데 황금색을 띤다 하여 감정 중의 최고품으로 치고 있다.

2대 장뇌산삼의 씨로 발아된 3대 산삼의 경우 비로소 산삼으로 불리는데, 2대 장뇌산삼과는 또 다른 차이가 있다. 우선 뇌두가 장뇌에 비해 더 가늘어지고 뿌리 또한 가늘고 작아지며 산삼의 죽 즉 싹대도 가늘어지고 키가 작아진다. 잎 또한 색상이 더욱 연해지고 얇아져 1대 야생삼과 2대 장뇌산삼과의 차이는 확실히 구분이 된다.

확연한 차이는 1대 야생삼의 뇌두의 굵기가 10일 때 2대 장뇌산삼은 5, 산삼은 2.5가 된다. 야생삼과 장뇌산삼과의 구분은 뇌두로 하며 뇌두가 없는 상태에서는 판별이 불가하다. 즉 산삼의 모든 구분은 뇌두로 하며 산삼의 수령도 종류도 모두 뇌두에 답이 있다. 즉 산삼의 뇌두가 호적등본인 셈이다.

4대 지종산삼을 설명하자면, 야생삼과 장뇌산삼, 산삼의 뇌두와 싹대의 굵기가 10에서 5 → 2.5 → 1.25로 가늘어진다. 몸통에서 시작되는 부분이 볼펜심 굵기의 뇌두에 싹대 흔적이 없이 매끈하며 좁쌀처럼 혹이 붙어 있다. 야생삼과 장뇌산삼, 산삼의 경우 싹대 흔적으로 연수를 따지나 지종산삼은 좁쌀 하나를 싹대 하나로 따지고 윗부분에만 싹대 흔적이 3~5개 나타나며 아랫부분은 매끈한 뇌두로 이어져 확연한 차이를 보인다.

이 지종산삼은 현재 국내에서 발견되는 산삼으로는 약성을 최고로 친다. 또한 맛도 향도 진정 산삼다운 진객이라고 이야기할 수 있다. 이러한 지종산삼은 쉽게 만날 수도 없거니와 약성도 값도 그야말로 우리가 알고 있는 산삼 그대로의 진품이라 말할 수 있다.

그리고 천종산삼에 대해 설명하자면, 몸통에 주름이 짜글짜글하고 뇌두가 볼펜심처럼 가늘고 매끈하며 우렁이 모양의 뇌두가 아닌 좁쌀 모양의 혹이 뇌두에 촘촘하게 붙어 있다.

몸통에서 뇌두가 출발할 시점에서 몸통이 사람 배꼽처럼 오목하게 패어 있는 부분에서 아주 가늘게 시작하여 최근 2~3개의 뇌두만 우렁이 뇌두로 갖추고 있는 게 최고의 상품이다. 거기다 실뿌리[미]가 길수록 좋으며 중간 중간에 옥주까지 달려 있다면 금상첨화겠지만 이런 팔방미인 산삼은 우리나라에서 만나 볼 수 없는 상상 속의 산삼에 불과하다 하겠다.

결국 뿌리의 크기와 굵기는 산삼의 약성이나 질과는 직접적인 관계가 없으며, 이 모든 조건을 다 갖춘 상태에서 뿌리의 크기가 크다면 더할 나위 없이 좋은 상품이라 하겠다. 여기서 한 가지 말해 두고 싶은 것은, 이런 조건을 모두 충족시킨 것처럼 보이는 중국산 장뇌가 판을 치고 있으므로 각별한 주의가 필요하다.

그러나 자세히 살펴보면 중국산 장뇌의 특징은 뇌두가 아무리 길다 해도 우렁이 모양을 띠고 있으며 턱수가 잘 발달되어 있는 게 큰 특징으로 항상 주의하지 않으면 큰 낭패를 볼 수 있다. 게다가 공업용 순간접착제를 사용하여 뇌두를 이어 붙인 중국산 장뇌도 주변에 흔히 볼 수 있으므로 특별히 주의해야 한다.

그럼 '중국산 장뇌를 알아보는 방법' 에 대해서는 '산삼의 구별' 편에서 자세히 설명하도록 하겠다.

100년 산삼의 진실

언제 어디서든 전국 각 지역의 산삼에 관한 정보를 주고받을 수 있는 인터넷 동호회는 어떻게 보면 아주 유용한 정보처라고나 할까?

여름이면 산삼을 캐기 위해 강원도 최전방 지역에서부터 전라남도 지역에 이르기까지 온 산야를 돌아다니며 산삼을 캔 소식이 하루가 멀다 하고 게시판에 상세한 산삼 사진과 함께 자랑 글이 올라오곤 한다.

그 중에서도 가장 관심을 끄는 지역은 강원도로 그곳은 심마니들의 보고(寶庫)이다. 강원도 하면 산삼의 선구자로 산삼에 관해서는 정평이 나 있는 지역이다.

그런데 강원도 산삼은 도대체 어떻게 생겼기에 캤다 하면 100년근이요 30~40년이 아니면 산삼을 캤다는 소리도 못 하는 걸까!

충청이남 및 경기도 일부 지역의 산삼과 비교해 보면 가락지 외엔 모양이 별다를 것도 없는데 강원도 산삼은 아주 특별한 모습을 하고 있을 것 같은 생각에 관심 있게 살펴보았다. 그러나 특별한 모습이라면 국내 어느 지역에서나 자주 발견되는 산삼과 다른 모양이 아니고 더러 재배 장뇌로 보이는 산삼들이 오히려 많이 보인다. 또 강원도에서 캔 산삼이라는데 생김새나 모양은 분명 중국산 재배 장뇌이다.

어떻게 이런 산삼이 강원도 깊은 산중에서 발견되는 것일까? 그렇다면 혹시 6.25 전쟁 당시 중공군이 밀고 내려오면서 강원도 산골에 중국산 장뇌 씨를 뿌렸단 말인가! 더구나 몸통의 주름[가락지] 사이에 낀 검은색 흙마저 중국산과 흡사하니 도무지 이해가 되지 않는다.

결국 강원도에서 20~30년 이상 산삼 캐는 일만 해 온 심마니들과 이야기를 나눌 수 있는 기회가 있어 이 부분에 관한 자세한 이야기를 들을 수 있었다.

얘기인즉 이러했다.

"전국에서 강원도를 찾는 심마니들이 워낙 많다 보니 산삼다운 산삼은 거의 멸종된 상태로 보아야 한다. 재배된 장뇌로 보이는 산삼은 그만한 이유가 있다. 말 그대로 귀하게 천종산삼이 발견되기는 하지만 일 년에 강원도를 포함 전국에서 발견되는 천종산삼은 모두 합해 한두 뿌리 이내일 것으로 추정한다."

장뇌산삼이 발견되는 이유에 대해선 이렇게 말했다.

"강원도의 심마니들이 산에 오르며 장뇌 씨앗을 미리 개갑(開匣) 시켜 준비해 자기만 아는 장소 즉 산삼을 채심한 장소에 파종해 놓지만 캐는 사람이 주인이 된다."

그러면서 하는 말이, 강원도의 산에 산삼이 멸종되는 것을 막기 위해 씨앗을 뿌리고 다닌다는 말을 들었다고 한다.

그렇다면 중국산 장뇌처럼 보이는 그 삼은 대체 어떻게 된 것일까!

내용은 이러하다.

극히 일부지만 심마니들 중에는 일확천금을 노리는 사람들이 있어서 운 좋게 돈 많은 사람을 만나면 부르는 게 값이다. 그리고 산삼을 자랑삼아 먹는 사람들도 의외로 많다. 그런 사람들은 같은 산삼이라도 이왕이면 비싼 값에 먹어야 효과가 뛰어난 것처럼 이야기하고 다닌다.

산삼에 대해 잘 모르는 사람에게는 우리나라에서 자생하는 산삼을 힘들게 캐서 파는 것보다 겉보기에 우리나라에서 발견되는 산삼보다 훨씬 멋지게 생긴 장뇌삼을 팔기에 아주 적합하다.

또한 수요자가 나타나면 그 수요자를 데리고 직접 땀을 뻘뻘 흘리며 산에 올라가서는 미리 심어 놓은 그 장뇌를 그 수요자가 직접

붓꽃

캐서 먹게 만드는 수법을 써서 전혀 의심받지 않는다. 수요자 입장에선 신비로운 산삼을 직접 심마니와 함께 산속으로 들어가서 캐 먹으니 믿음이 가서 좋고, 돈 많은 사람을 상대로 하는 판매자 입장에서는 아주 기발한 상술이며 묘책이고 맞춤형이며 손쉬운 방법이기에 그런 일이 종종 벌어지고 있다고 한다.

중국산의 특징은 모양새가 황홀할 정도로 잘 빠지고 주름이 쭈글쭈글하다는 것인데, 이처럼 중국산 장뇌가 완전한 모양새를 갖추고 있는 것은 추운 백두산 지역에서 재배하기 때문이다. 보디빌더에 비유하자면 작은 체구의 한국인과 달리 미스터 월드라고나 할까? 그러나 중국산 장뇌는 약성을 논하기에 앞서 사용이 금지된 유기수은이 함유된 농약을 사용하므로 가능하면 먹지 않는 게 좋다.

그렇다면 강원도에서 발견되는 100년 근 산삼은 어떻게 된 것인가?

물론 심마니들끼리도 수령을 보는 방법이 각자 다르지만 보편적인 방법으로 이야기하자면 산삼은 뇌두의 싹대 흔적 숫자가 그 나이를 증명한다.

그러나 필자의 경우 뇌두가 50개 되는 산삼은 아직까지 본 적이 없다. 이 역시 부풀려진 것임에 틀림없다. 이에 대한 책임은 물론 수요자들에게 그 연수를 속이는 심마니들의 비양심적인 면이 가장 크다 할 수 있지만, 돈을 더 주더라도 50년, 100년 된 산삼만을 고수하는 수요자들의 입맛에 맞추다 보니 그렇게 부풀려지는 경우가 더 많다.

각 매스컴에서 매년 5월이면 어김없이 시작되어 10월까지 심심치 않게 기사화되는 내용에서 천종이니 100년 근이니 1억을 호가

하니 어쩌니 하는 내용으로 전혀 검증되지 않은 사실과 다른 내용을 보도하곤 하는데, 이 뉴스를 접한 수요자들의 입장에선 심리적으로 100년 된 산삼을 원하게 되므로 그들을 상대로 심마니들이 그렇게 거짓말을 하는 것은 어찌 보면 당연한 일인지도 모른다고 말하면 망발일까?

그렇듯 50년 근, 100년 근 어쩌고 하는 판매자들의 터무니없는 말은 앞에서도 말했듯이 그런 산삼만을 원하는 수요자의 입맛에 맞춘 경우도 있지만 그렇게 연수를 부풀리는 판매자들의 양심도 문제이다. 따라서 이 문제는 판매자들의 양심에 맡길 수밖에 다른 방법이 없겠으나 적어도 이 글을 읽는 독자들만큼은 산삼의 수령에 관한 한 더 이상 속을 일이 없을 것이다.

산삼 채심은 어떻게 하는가?

산삼 채심은 다른 말로 '돋운다' 또는 '캐다' 라는 용어를 사용한다.

산행을 하며 고생 끝에 산삼을 만나 흥분한 나머지 손은 떨리고 앞은 안 보이고 주변에 도와주는 사람은 없고 남이 볼까 두려워서 대충 파헤치다 보면 잔뿌리는 모두 다 끊기고 몸통만 덩그러니 남게 되는 상황은 처음 산에 올라 산삼을 만난 초보 심마니들이 겪는 과정 중의 하나이다.

고생 끝에 어렵게 산삼을 만나면 일단 배낭부터 그 자리에 내려놓은 다음 냉정을 되찾아 마음을 가라앉히고 그 자리에 주저앉아 다시 주변을 천천히 살피다 보면 여기저기서 쑥쑥 솟아오르는 산삼을 볼 수도 있다.

흥분하면 주변에 혹시 산재해 있을 산삼은 모두 놓치고 마는 우를 범할 수 있으므로 산삼을 만났을 때는 우선 마음을 차분히 가라앉히는 것이 가장 이상적이다. 이런 때 필자의 경우는 담배를 천천히 한 모금씩 태우며 땀도 식힐 겸 잠시 휴식을 갖는다.

산삼의 채심은 땅속에서 솟아오른 산삼의 싹대를 중심으로 경사면 아래쪽으로 약 30센티미터 정도 밑에서부터 시작하는데 이때 다른 보조기구나 도구를 사용해서는 안 된다. 가능한 한 손에서 장갑을 벗어 놓은 채 손끝의 감각으로 아래쪽 부엽부터 천천히 조심스럽게 걷어내고, 혹시 턱수가 잘 발달된 산삼의 경우 실뿌리 하나라도 다쳐서는 안 되므로 신중을 기해 천천히 몸통부터 시작되어 실뿌리 끝까지 다 찾아냈다고 생각될 때 비로소 살살 위로 들어올려 채심을 마치면 된다.

실뿌리가 한 가닥이라도 끊기게 되면 일단 먹는 입장에서는 어렵게 찾은 산삼이 아깝고 판매하는 사람들의 입장에서는 가격이 졸지에 반 토막 나는 요인이 되므로 더욱 조심하지 않으면 안 된다. 손해 보는 사람이 있으면 반드시 이득을 보는 사람이 있듯이 수요자 입장에서 보면 오히려 그런 산삼이 값도 싸고 효과는 같이 볼 수 있으므로 반가운 상황이 될 것이다.

산삼의 뿌리는 싹대를 중심으로 반드시 경사면 위쪽으로 향해 있으나 더러 옆으로 비스듬히 위쪽으로 향해 있는 경우도 많으므로 반드시 줄기 아래쪽 30센티미터 밑에서부터 서서히 위쪽으로 향하며 뿌리의 시작점을 찾은 후에 작업을 시작해야 한다. 30센티미터 아래부터 작업하는 이유는 더러 아래쪽으로 뻗은 턱수가 있어 그 턱수가 다치는 것을 방지하기 위함이다.

심마니들이 산삼을 채심하다가 다친 뿌리는 주로 중간상인이 헐값에 수거하여 다시 상인들에게 싼 값에 넘기는데 상인들이 실제 수요자들에게 판매할 때는 그것이 그다지 값이 깎이는 요인이 아니므로 오히려 더 많은 마진을 챙길 수 있다.

누린내풀

유통 과정을 보면 심마니들이 이 산 저 산 다니며 어렵게 캔 산삼을 중간상인들이 전국을 돌며 매입하여 상인들에게 되팔고 상인들은 다시 이를 수요자에게 판매하게 된다.

물론 요즘은 인터넷 쇼핑몰이 그런 과정을 없애 주기는 하지만 믿고 살 수 있는 인터넷 쇼핑몰이 거의 없고 자칫 잘못하면 엄청나게 비싼 값을 주고 구입한 산삼이 외국산 장뇌삼일 수도 있다. 2년 된 국내 인삼을 산에 이식하여 2~3년 더 키워 채취한 것을 질 좋은 산삼이라고 속여 고액을 받고 파는 현실에서 믿고 살 만한 쇼핑몰마저 찾기가 힘드니 안타까울 따름이다.

인테리어 된 산삼

언젠가 '산삼의 진실을 말하다' 라는 TV방송 프로그램을 보며 느낀 점을 보충하고자 한다.

우스운 이야기겠지만 어쩌다 보니 대한민국에 산삼 열풍이 불어 너도나도, 심지어 옆집 아줌마들까지도 산삼을 캔다며 산에 오르는 것이 유행처럼 되어 버린 지 오래다. 그 유행 뒤편엔 반드시 수요자 역시 폭발적으로 늘어나서 산삼을 못 먹어 본 사람은 주눅이 들어 살 수 없을 정도가 되어 버렸다.

결국 발 빠른 사람들은 인터넷 쇼핑몰을 구성하여 버젓이 상호를 내걸고 돈벌이에 여념이 없고 어떤 이들은 인터넷에 산삼을 캐러 가자는 광고를 내어 일정액을 받고 관광버스를 몇 대씩 동원하여 산지를 안내해 주며 돈벌이에 나서기도 한다.

그런가 하면 또 어떤 이들은 가짜 산삼을 떼어다가 팔기 위해 비행기를 타고 바쁘게 중국을 오가고, 거기다 더 심한 사람들은 중국산 장뇌를 들여와서는 순간접착제를 이용하여 뇌두의 길이를 늘이고 미[실뿌리]를 이쑤시개 또는 순간접착제를 이용해 길게 늘여 질 좋은 산삼인 양 속여 파는 등 눈 먼 돈을 찾아 돈벌이에 여념이 없었다.

그리고 또 앞에서도 말했듯이 어떤 이들은 자기만 아는 산속 여기저기에 중국산 장뇌를 전년도에 심어 놓고 수요자를 찾다가 수요자를 찾으면 그 산으로 직접 데리고 가서 판매를 하곤 하는데 한 뿌리에 3만 원이면 족할 중국산 장뇌를 가지고 "우와, 산삼이 정말 크고 좋다!" 어쩌고 호들갑을 떨며 몇백 또는 몇 천만 원씩에 팔아먹는 기가 막힌 상술의 소유자까지 생겨났으니 필자의 눈에는 산삼 장사들은 모두 다 똑같은 사람들로 보일 때가 있었다.

물론 그 사람들은 사기혐의로 구속되고 그 죄의 대가를 받았지만, 덕분에 현재는 아이러니하게도 꼭 먹어야 할 사람은 산삼의 효능을 알면서도 믿을 만한 판매자를 만나지 못해 포기하고, 반대로 정직한 심마니들의 경우 아무리 애타게 사람들에게 진실을 호소해도 이미 불신의 늪에 깊이 빠져 버린 산삼의 진실을 믿어 주지 않으니 판로 개척에 애를 먹고 있다.

앞서 이야기했듯이 우리나라엔 국가에서 인정해 주는 산삼 감정사가 없으며, 산삼에 대해 잘 알지도 못하는 사람들이 지금도 산삼 감정사라는 명함을 들고 다니며 버젓이 전문가 행세를 하고 있으니 이를 어찌하면 좋을지 답답하기 그지없다.

산삼과의 인연을 맺고 산삼과 함께 반생을 같이 해 온 필자로서 안타까운 마음 금할 수 없어 이렇게 독자들에게 산삼의 허와 실을 밝히는 바이니 앞으로 더 이상의 피해자가 없기를 바란다.

그 TV프로를 마치면서 사기를 치다 발각된 사람의 마지막 멘트에서 '대한민국 산삼은 모두 가짜이니 사먹지 말라' 고 했던 그 사람의 이야기가 씁쓸하긴 했지만, '그나마 마지막 양심은 살아 있었구나.' 하는 생각이 들었다.

순간접착제를 이용해 붙여 놓은 산삼은 육안으로 구별하기가 불가능에 가깝고 끓는 물에 살짝 담가 보면 붙여 놓은 부분이 즉시 떨어져 나와 그제야 알게 되는데, 결론을 이야기하자면, 중국산 장뇌와 국산 산삼을 구별할 수 없다면, 그리고 열 번 생각해서 단 한 번이라도 의심이 간다면 아예 구입하지 않는 것이 최선이다.

물론 믿을 수 있는 사람에게 감정을 의뢰해 구입하는 것이 최선의 방법이겠지만, 한 가지 힌트를 준다면, 인테리어를 하지 않는 한 잘생기고 멋진 산삼이 자연적으로 만들어지기란 불가능하다는 것을 주지하고 주로 덩치가 크고 잘생기고 멋진 삼은 중국산 장뇌로 의심하여 좀 더 신중하고 세심하게 살펴야 하며 주의가 필요하다 하겠다.

우리나라의 토종 산삼은 생긴 모양도 꼭 토종 같아서 모양새는 꿈에 그리는 산삼의 모양이 아니라 어딘지 5% 부족한 모양을 하고 있다. 만일 토종인데 모양까지 잘생겼다면 약효를 떠나 그 값이 만만치 않은만큼 수요자의 입장에선 못생기고 약성이 좋은 산삼을 만나는 것이 행운이라 하겠다.

산삼 경매에 관해

매년 늦가을쯤이면 어김없이 신문지상에 산삼 경매에 관한 기사가 사회적인 이슈처럼 시끌벅적하게 떠들어 댄다. 경매에 관한 기사와 광고가 최대의 관심사처럼 온 국민의 관심을 끌며 TV와 신문에 동시에 나온다. 당연히 사람들의 최대 관심사는 최고 경매가가 얼마나 되며 어느 돈 많은 사람이 먹었느냐이다.

경매에서 낙찰 받은 사람들을 보면 대부분 부모님의 몸이 편치 않으셔서 큰 맘 먹고 경매에 임했는데 이렇게 좋은 산삼을 낙찰 받게 되어 아주 기쁘다며 흐뭇한 표정을 짓곤 한다.

TV를 통해 전국의 안방에 소개되는 그 장면을 보는 사람마다의 가슴속엔 부러움의 대상이 되어 '나도 저런 산삼 한 뿌리 먹어 봤으면' 하는 생각이 간절하게 된다.

산삼 경매 장소로서 역시 우리나라 최고의 손님을 모시는 귀한 자리이니만큼 돈 없는 서민들은 감히 접근하기조차 부담스러운 국내의 최고급 호텔이나 최고급 백화점에서 주로 이루어지는데 이는 당연히 산삼에 대한 부가가치를 최대한 높이고 전국의 돈 많은 VIP들을 끌어들이기 위함이다.

맨 처음에 기획한 사람들이 그런 방법으로써 엄청난 성과를 올리자 이젠 부산과 대구에서도 심심치 않게 눈에 띄더니 급기야는 지방 소도시에도 매주 산삼 경매를 하는 지정된 장소가 생겨났다.

어떻게 보면 판매자 입장에서는 일주일에 한 번씩 경매를 하게 되니 산삼을 쉽게 팔아 자금 회전율도 높일 수 있고, 수요자 입장에서는 언제든지 필요할 때마다 쉽게 구입할 수 있어 좋으니 판매자나 수요자 모두에게 최선의 방법일 수도 있다.

그러나 여기서 주지해야 할 사실은 그들의 감정가를 대체 어떻게 믿을 수 있으며, 분위기를 띄우는 바람잡이들이 득실거리는 경

누린내풀

매장에서 이야기되는 산삼에 대한 신뢰도는 과연 얼마나 되느냐다.

20~30년의 경험을 가진 전통 심마니들이 흔히 하는 이야기 중의 하나가 천종산삼에 관한 것이다. 우리나라에서 잘해야 일 년에 한두 뿌리 정도 발견되는 귀하디귀한 천종산삼이 어느 경매장에서나 수십 뿌리가 경매에 올라오곤 하는데 과연 그 많은 천종산삼들이 모두 다 어디에서 왔을까?

중국에서 장뇌와 산삼을 수입해서 판매하는 사람과 이야기를 나누다 보니 어느 정도 해답을 찾을 수 있었다. 그의 말에 의하면, 오래 전엔 자신이 직접 중국 백두산 부근의 길거리에 서서 한 사람 한 사람씩 산에서 내려오는 현지의 조선족들과 중국 사람들을 만나 그 자리에서 직접 산삼을 구매하기도 하고 일부는 산에 재배하고 있는 장뇌 밭에서 구입하여 한국에 가져와 팔았는데 그 중 거의 대부분은 일반 소비자에게 판매되는 것이 아니고 산삼을 가져오는 즉시 자신의 단골인 전국의 산삼 상인들에게 팔아 넘겨 짭짤한 재미를 보았다고 한다.

중국에서 가끔씩 아주 질 좋은 산삼을 구입해서 우리나라에 가지고 들어와 상인들에게 엄청난 값을 받고 팔아 횡재를 하곤 하였다는 그는, 요즘에는 중국도 그동안의 많은 발전을 통해 한국의 부자와는 비교할 수도 없을 만큼 어마어마한 부자가 많이 생겨나 그들이 그런 질 좋은 산삼을 싹쓸이하는 판국이라 이제는 더 이상 그런 재미를 보기도 어렵다고 한다.

사실 중국산이라고 해서 무조건 안 좋다고 생각하는 것은 옳지 않다. 산삼에 대한 기록을 보면 한반도에서 연해주 지역을 포함한 백두산 인근에서 산삼이 많이 발견되었다는 기록은 『본초강목』 등 여러 문헌에 있고 실제 중국산 산삼이라 해도 백두산 부근에서 채심한 산삼 중에 정말 진귀한 산삼이 가끔 발견되고 있다. 과거 우리나라의 민둥산과는 달리 말 그대로 그동안 호랑이가 살고 있는 그곳의 무성한 천연림에서 대를 이어 살아 온 천종산삼이 있다는 것이다.

단지 중국산의 경우 세계적으로 사용이 금지된 수은이 함유된 농약을 사용하여 재배되었다는 장뇌가 문제될 뿐이다. 백두산 부근에서 발견되는 그런 진귀한 천종산삼은 감히 우리나라 사람들이 범접도 못 할 만큼의 가격이 형성되어 역시 다른 사람들이 알까봐 쥐도 새도 모르게 돈 많은 중국 부자들에게 팔려 나간다고 한다.

산삼 경매장에서 벌어지는 상황은 그들만의 시장인지라 더욱 자세한 것은 알아볼 수 없지만 여기서 내가 말하고 싶은 것은 천종산삼을 천종산삼이라 하고 지종산삼을 지종산삼이라 해야 한다는 것이다.

혹여 자질이 떨어지는 사람이 감정하여 바람잡이를 통해 값만 천정부지로 높여 놓아서 결국 구입하는 사람만 바보가 되는 현실을 만들지 않았으면 좋겠다는 생각과, 원산지에 관해서는 떳떳하게 '백두산' 이라 표기하는 것이 옳다고 생각한다.

경매 후의 뒷담화를 듣자면 경매에 참여했던 상인들의 이야기로 경매장을 찾는 사람들은 관심은 많이 가지고 있으나 실제 경매를 통해 거래되는 산삼은 그리 많지 않고 오히려 상인들 간의 상호 바람잡이 역할로 초고가에 낙찰 받아 관심도를 높이기 위해 거래되는 상황과 또 경매와는 상관없이 주로 경매 이후에 저렴하게 뒷거래가 이루어지는데 질 좋은 산삼들은 거의 대부분 그런 방식을 통해 거래된다고 한다.

팔고자 하는 만큼 거래가 경매장에서 이뤄지는 것은 사실이나 경매장의 화려한 모습만큼이나 판매자에게 돌아가는 금액은 주최측에 내야 하는 수수료도 만만치 않아 이리저리 경비를 제하고 나면 그리 많이 남는 장사도 아니라고 판매자들은 푸념한다.

결국 그 많은 비용을 판매자가 모두 부담해야 하기에 경매이지만 비쌀 수밖에 없으며 모든 수수료 및 경비는 사실 수요자가 부담하게 된다는 것이 현실이다.

체리

제4장

산삼의 효능과 복용 방법

동강할미꽃

우리 몸의 원기를 회복시키고 면역력을 키워 어떠한 병증이든 효과가 좋은 산삼! 어떤 산삼을 얼마만큼 어떻게 먹느냐에 따라 그 효능은 극명하게 달라진다. 산삼은 주로 어떤 병증에 활용되며, 산삼을 얼마나 어떻게 먹어야 효과를 볼 수 있는지, 그리고 산삼 복용 시에 조심하고 가려야 할 음식에 대해 설명한다.

산삼은 주로 어떤 병증에 활용되나?

산삼은 항암작용, 항산화 활성작용, 간 기능 증강, 노화 예방, 위궤양 및 염증 치료, 신장 기능 장애 치료, 면역 기능 조절, 성 기능 활성화 촉진, 발기부전 치료, 당뇨병 치료, 심혈관 장애 및 동맥경화 치료, 원기회복, 혈압 정상화, 치매 초기 증세 예방, 비염 치료, 중추신경계 흥분 및 진정 효과, 뇌기능 증진, 갱년기 장애 치료, 골다공증 예방, 마약 중독 증세 치료, 방사선 장애 방어 효과 등 셀 수 없는 병증에 활용되나 필자가 주목하는 것은 바로 암에 관련된 효과이다.

이미 그동안 수없는 환자들에게 산삼을 제공하여 본의 아니게 임상실험을 해본 상태이고 지금은 주로 암환자들에게 제공하여 상태의 반응을 보고 있다.

예를 들면, 충남 논산시의 현직 교사 어머니로 십이지장 암에 골수까지 전이된 분이 계시다. 서울의 주요 대형병원에서 말기 판정으로 3~6개월밖에 못 산다는 선고를 받은 상태에서 3개월이 경과된 후에 필자는 그분을 만났는데 당시 서울의 대형 병원에서는 암수술이 불가능하여 처방이라고 해봤자 고작 통증완화를 위한 진통제 투여 정도가 전부였다.

그분은 자리에 누운 채로 대소변을 받아내야 하는 아직 세상을 등지기에는 너무나도 안타까운 67세의 노인이셨는데, 바로 그분께서 필자가 권한 산삼을 드시고 나서 불과 보름 만에 자리에서 일어나 용변 정도는 스스로 볼 수 있는 상태에 이르렀다. 그리고 그 이후로도 다시 한 번 산삼을 더 드셨는데, 그분께서는 필자가 이 글을 쓰고 있는 현재까지 병원 선고 3개월 하고도 30개월을 더 생존하고 계시다. 현재 등산 등과 같은 힘든 운동은 어렵지만 공원 산책 등의 가벼운 운동이나 국내 여행 등은 즐기고 있는 상태이다.

과연 이런 일이 상상 속에서 일어난 일이라면 몰라도 눈앞에서 현실로 나타나고 있으며, 물론 다른 암환자들도 많은 임상실험을 해본 상태이기에 그분에게도 필자는 자신 있게 산삼을 권장했던 것이다.

이 암환자가 효과를 본 것은 뒤에 밝히겠지만, 필자가 정한 매뉴얼에 따라 산삼을 드신 이분은 이처럼 엄청난 효과를 보셨는데 이분 외의 암환자에게서도 산삼은 약성이나 효능 면에서 탁월한 효과를 발휘했다.

그런데 왜 다른 사람들은 산삼의 효능에 대해 불신하고 있는 걸까? 산삼의 효능이 부풀려졌다거나 분명 거짓이 아닌데 말이다. 그 이유에 대해서도 뒤에서 명확히 밝혀 보도록 하겠다.

항암효과 면에서도 이럴진대 하물며 다른 병증에야 굳이 이야기할 필요가 있을까?

산삼을 먹었는데 아무런 효과가 없다?

산삼의 효능 중에서 무엇보다도 큰 것은 심리적 효과다. 그렇다고 해서 약효도 없는데 심리적인 효과만을 바랄 수는 없다.

산삼의 약성은 이미 여러 가지 경로로 알려져 왔지만 내가 알기로는 지금까지 산삼의 성분에 대해 어떤 연구 결과도 내놓은 곳이 없고, 또한 내가 그러한 전문가가 아닌 한 구체적으로 어떤 성분이 어떤 효과를 내는지도 알 수 없다. 다만 그동안 내가 제공한 산삼을 먹고 나서 사람들이 어떤 질병에서 벗어났으며, 병원의 진료 결과를 이야기해 준 것을 토대로 살펴보면 산에서 캤다고 해서 모두가 산삼이 아니라는 것이다.

이 책의 뒤쪽 즉 '산삼의 구별' 편에서 자세한 설명을 하겠지만, 주로 새들이 인삼의 씨를 먹고 배설하여 나온 첫 삼을 '조복삼' 또는 '야생삼' 이라고 하는데, 이는 인삼보다는 약성이 좋지만 산삼이 아닌 야생삼에 불과하며, 이 야생삼의 씨앗이 땅에 떨어져서 자란 것이 장뇌산삼, 이 장뇌산삼의 씨앗이 다시 땅에 떨어져 야생에서 자란 삼이 비로소 산삼이다.

그러니까 산삼이 야생 상태에서 최소한 10년 이상 자라야만 비

은방울꽃

로소 산삼의 성질과 산삼의 효과가 있는 것이다. 산삼을 먹었는데 효과가 없다고 이야기하는 사람들의 대다수는 야생삼 내지는 장뇌산삼을 먹은 사람들이며, 더구나 한두 뿌리만 먹어 본 사람들은 당연히 그렇게 이야기할 수밖에 없다.

산삼을 먹으려면 반드시 제대로 된 산삼으로 양을 맞춰 먹어야 비로소 산삼의 효과를 얻을 수 있다. 나이 기준으로 남자는 40대 기준 1냥 3돈 이상 즉 5뿌리 이상, 그리고 여자는 40대 기준 1냥 이상을 먹어야만 비로소 산삼의 효과를 볼 수 있다.

산삼을 먹어 본 사람들 중에는 산삼의 '효과 무용론'까지 이야기하는 사람이 많은데 어떤 일이든지 규칙이 있듯이 이 양은 반드시 지켜져야 한다. 또한 최소 장뇌산삼 이상을 먹어야지 산삼이 아닌 인삼에 가까운 야생삼만으로는 절대 산삼의 효과를 볼 수 없다.

물론 절대로 산삼의 효과를 볼 수 없을 정도의 양이나 야생삼으로 효과를 본 사람들은 심리적인 효과를 보았기에 가능한 것이다. 어떤 사람이든 맹물을 먹더라도 자기최면을 걸어 산삼 달인 보약이라고 생각하면 그 효과는 산삼 달인 보약을 먹은 것처럼 효과를 볼 수 있듯이 산삼의 가장 큰 효과는 역시 심리적인 효과라 해도 과언이 아니다.

어떤 사람은 효과가 있을 리 없는 야생삼을 먹고 나서 '산삼을 먹었더니 이상하게 졸음이 온다' 며 산삼을 먹고 나서 흔하게 나타나는 명현현상을 이야기하기도 하는데 이는 결국 그동안 누군가로부터 산삼의 효과에 대해 전해 듣고는 스스로 자기최면에 걸린 것으로 보아야 할 것이다.

⬆호자덩굴

산삼을 먹고 나서 오는 명현반응

산삼을 먹고 나면 사람에 따라 각기 다르게 몸에 그 어떤 이상반응이 오게 되는데 이것을 명현반응이라고 하며 일종의 치료효과로 보면 된다.

대체적으로 기운이 쭉 빠지는 듯한 느낌과 졸음이 오는데 더러는 피부에 붉은 반점이나 몸이 화끈거리는 느낌, 공중부양을 하듯 붕 뜨는 느낌을 받는다는 이야기를 하기도 한다.

과거의 아팠던 부위에 극심한 통증 등 때로는 갑작스런 설사와 각혈, 코피를 흘리는 증상을 보이기도 하고, 갱년기 여성의 경우 갑자기 생리가 찾아오고 심한 생리통을 겪기도 하는데 그 과정을 겪은 뒤에는 몸이 상쾌해지며 가뿐한 느낌을 받는다. 이런 때 갱년기 여성들은 눈에 띄게 되살아난 자신의 여성을 느끼며 감격하게 되는데 그 반응은 다양하게 나타난다.

산삼 복용 후에 일어나는 이러한 모든 증상은 우리 몸의 치료효과로 보므로 절대로 당황하거나 병원으로 달려가 링거를 맞는 일이 없어야겠다.

이와 반대로 명현반응이 나타나지 않는 경우도 있는데 이 또한 필자는 심리적인 현상으로 본다. 산삼에 대해 부정적인 생각을 갖고 있는 경우 명현반응이 있어도 없는 척하며 이런 증상들을 일부러 감추는 경우도 있다.

이런 경우 몸에서는 치유반응을 하지만 심리적으로는 부정하므로 그만큼 치유효과는 적어진다고 보아야 할 것이다. 즉 산삼의 효과는 바로 심리적인 효과가 동반되어야 더 큰 효과를 얻을 수 있으며, 따라서 산삼에 대한 강한 믿음과 신뢰를 갖고 복용하는 것만이 산삼을 제대로 먹는 최고의 방법이라 하겠다.

산삼에 대한 믿음과 신뢰감을 갖고 복용하느냐 부정하고 복용하느냐에 따라 그 결과가 다른 걸 보며 필자는 항상 '자기최면' 이 우리 몸을 지키기도 하고 병들게 하기도 하는 요인이 아닌가 하는 생각마저 든다. 어떤 음식이든 기쁜 마음으로 즐겁게 먹는 행위와 음식타박을 하며 마지못해 먹는 행위의 차이는 결국 보약과 독약만큼이나 크게 차이가 난다고 할 수 있다.

즉 명현현상이라 함은 산삼을 먹음으로써 나타나는, 다른 말로 표현하면 일종의 '부작용' 이라 할 수 있는데, 이상이 있던 몸의 일부가 산삼의 효과로 인해 정상으로 돌아오면서 나타나는 현상이다. 이러한 명현반응이 지나고 나면 명현반응을 느꼈던 부분이 개운해지면서 시원함을 느끼게 된다.

일부 암환자들의 경우 산삼에 대한 믿음과 신뢰의 결과로써 찾아오는 이러한 명현반응을 겪은 후에는 반드시 호전반응으로 평소와 다른 확실한 차이를 보인다. 즉 명현반응의 가장 큰 효과는 심리적 반응이라고 보면 된다.

효과를 제대로 보려면 산삼을 얼마나 먹어야 할까?

"산삼을 먹었는데 아무런 효과를 보지 못했다."

이런 이야기를 하는 사람들은 대부분 주변에서 흔히 발견되는 야생삼을 한두 뿌리 정도 먹은 사람들이다.

그동안 내가 산삼을 캐러 다니며 마음이 아팠던 것은 산삼을 찾고 산삼을 먹고자 하는 사람들의 대부분이 그동안 앞만 보며 열심히 일해서 경제력은 좀 있는데 결국 몸의 여기저기에 병을 얻어 인생에 아쉬움이 많은 나이 많은 분들이었다는 점이다.

그런가 하면 때로는 부모님의 병환에 지푸라기라도 잡고 싶은 심정으로 산삼을 만병통치약으로 여겨 '산삼을 드시고 좀 더 오래 사셨으면' 하는 바람에서 산삼을 구하는 사람들도 있고, 또 남들이 산삼을 먹어 보니 정력에도 좋고 위장에도 아주 좋더라고 자랑하는 말을 듣고 호기심에서 구하려는 사람 등 산삼을 구하려는 이유도 각양각색이었다.

보험으로 말하자면, 병이 없고 힘이 팔팔할 때는 '나는 남들처럼 병에 걸릴 일이 없다' 고 자신하며 '노세 노세 젊어서 놀아! 라는 노래 가사처럼 자신의 몸이 망가지는 줄도 모르고 홍청망청 세월을 보내다 보니 어느 새 늙고 병든 자신의 몸을 발견한지라, 아차 하는 마음에 그제야 보험을 들고자 하지만, 그토록 보험 하나만 들어 달라고 사정사정하며 쫓아다니던 생명보험사 FC들조차 뒤도 안 돌아보고 외면해 버린다. 그제야 비로소 '미리미리 보험을 들어 놓거나 건강을 좀 챙길걸.' 하며 후회하지만 너무 때늦은 후회가 아닐까싶다.

산삼도 마찬가지다. 젊었을 적의 필요량과 나이 먹었을 때의 필요량이 다르다. 나이를 먹을수록 많은 양을 필요로 하며, 더구나 몸에 병이 있을 때는 평소 필요량의 두세 배는 더 먹어야 그나마 약효를 보게 된다.

권장하고 싶은 것은 초 · 중학생일 때는 야생삼이 아닌 산삼이나 지종산삼을 기준으로 작은 산삼 한두 뿌리만 챙겨 주면 산삼을 먹지 않은 다른 아이들보다 훨씬 건강하게 자라게 된다. 다시 말해, 어릴 때는 이처럼 적은 양의 산삼으로도 산삼의 효과를 제대로 볼 수 있다.

산삼에 관한 책자를 보면, 주로 40세 성인 기준으로 남자는 금의 무게로 한 냥 서 돈, 여자는 한 냥 정도의 양을 먹으면 효과를 볼 수 있다고 나와 있다. 그러나 그동안의 내 경험에 의하면, 남자 여자 가릴 것 없고 몸무게 가릴 것 없고 나이 따질 것 없이 30~40대 기준으로 반드시 산삼이나 지종산삼으로 5~6 뿌리 정도 먹고, 그 이상 60~70대는 6~7 뿌리 정도가 적당하다.

그 정도의 양을 먹어야만 기분 좋은 명현현상과 더불어 산삼의 효과를 제대로 보는 것을 수없이 보아왔다. 그리고 또 많이 먹을 수만 있다면 그 이상으로 많이 먹는 것이 몸에 더 좋다고 이야기하고 싶다.

다만 나이가 어린 아이들이라면 너무 많은 양이 오히려 문제가 될 수 있다는 글을 본 적이 있으나 실제로 그런지 어떤지는 경험해 보지 못했으며, 조금 조심스러운 이야기지만 내 자녀들을 기준으로 보면 초등학교 2학년부터 매년 30여 뿌리씩 먹여 왔으나 아직까지 아무런 문제없이 비만하지도 않고 건강하게 잘 자라고 있다. 필자보다 머리가 더 좋은 것으로 보아 오히려 산삼이 두뇌 발달에도 도움이 되지 않았나 싶다.

산삼은 사람마다의 몸 균형의 평균치를 기준으로 건강 수치가 높은 것은 내려주고 낮은 것은 올려주는 효과를 가진 지구상의 유일한 약초로 알려져 있듯이, 많은 양의 산삼을 먹을 수 있다면 좋겠지만 비용이 만만치 않으므로 성인은 다섯 뿌리 이상, 청소년은 다섯 뿌리 이하의 양의 복용으로 좋은 효과를 볼 수 있다.

산삼 복용 방법

산삼을 먹는데 무슨 절차가 필요하며 무슨 방법이 필요할까! 그러나 신비한 산삼을 먹고 효과를 보려면 복용 방법은 물론 금기해야 할 음식이 있으므로 조심해야 할 것은 조심해야 하고 가릴 것은 반드시 철저히 가려야 한다.

가장 주의해야 할 음식은 녹두와 관련된 음식으로 녹두로 끓인 녹두죽과 녹두전 등이다. 흔히 음식점에 가면 녹두로 만들어진 음식이 눈에 많이 띄는데 숙주나물이 그 대표적인 예로 조심해야 할 음식이다.

녹두는 식물 중에서 모든 약성분을 가장 크게 중화작용을 하는 성분을 가지고 있다. 평상시에 먹는 음식이나 몸이 아파 복용하는 약 등이 누적되면 몸에 독이 쌓이게 된다.

일반 양약은 대부분 생약성분이 아닌 화학약품으로 절대 몸에 이롭지 않기 때문에 몸에 쌓인 독소를 제거하고 중화시키기 위해서는 적어도 한 달에 한 번씩은 생 녹두를 물에 불렸다가 믹서로 갈아 즙으로 마시면 우리 몸에 축적되어 있는 각종 노폐물이나 화학성분을 중화시켜 준다.

이처럼 녹두는 몸에 아주 이로운 식품이지만 산삼을 먹고 나서 녹두 즙을 마신다면 산삼의 효과는 무용지물이 되어 차라리 시장에서 무를 사다가 무즙을 내어 마시는 것이 더 좋을 것이다.

앉은부채

산삼 복용법에 관한 이야기를 인터넷에서 검색해 보면 금기 음식으로 수없이 많은 요구를 하지만 고기류인 쇠고기나 돼지고기, 닭고기 등에서 살코기는 먹지 말고 해조류를 금기하는데 바다에서 나오든 육지에서 나오든 비린내 나는 음식은 먹지 말라고 나온다.

또 대부분 콩과식물은 총망라하여 녹두에 이어 두 번째로 팥을 금기하는데 이 팥 역시 중화작용을 일으키기 때문이다.

인터넷이나 책자에서 말하는 복용 방법을 그대로 따라하다가는 일상생활이 어려워지고 가릴 것이 너무나도 많다. 다만 요점을 다시 한 번 말하지만, 금기 식물로는 녹두와 팥이 있고, 고기류는 적당히 절제하는 것이 좋다.

산삼 복용법은 첫째로, 가능하면 아침 공복에 산삼 전체를 실뿌리부터 잎과 줄기까지 토종꿀에 찍어 꼭꼭 씹어 먹는 것이 좋다. 몸에 필요한 최소한의 칼로리는 토종꿀의 당분으로 확보되므로 이른 아침에 생수로 뿌리가 잘리지 않도록 조심스럽게 씻고 산삼의 뇌두나 몸통에 낀 불순물은 가정에서 사용하는 스프레이를 잘 조절하여 물총처럼 쏴서 제거한다. 그리고 가능한 단맛이 날 때까지 오랫동안 꼭꼭 씹어 위에서 소화를 도울 수 있도록 복용한 다음, 아침과 점심의 중간 시간인 오전 11시경에 가볍게 죽으로 허기를 메울 수 있을 만큼만 먹고 점심에 양껏 먹은 다음, 역시 저녁은 양을 적게 먹어 산삼의 성분을 몸에서 최대한 흡수할 수 있도록 하는 것이 좋다.

둘째로, 저녁에 복용하는 방법이 있다. 이른 저녁식사로 오후 5시쯤 요기만 한다고 생각하고 먹는 양을 줄여 허기를 메울 정도만 먹고 잠자리에 들기 전 똑같은 방법으로 씻어 하루에 한 뿌리씩 실뿌리부터 천천히 오래 씹어 먹되 산삼의 향을 음미하며 오랫동안 단맛이 날 때까지 생으로 복용한다. 그리고 아침엔 역시 허기만 메울 정도로 조금만 먹고 점심시간에 양껏 식사를 하면 된다.

신비로운 산삼이기에 신비롭게 먹는 것은 옳지만 너무 신성시 여겨 아침 해가 뜨는 시간에 정좌하고 떠오르는 해를 바라보며 먹는다거나 산삼을 먹기 며칠 전에 구충제를 먹어서 뱃속을 깨끗이 한 다음에 먹는 것은 옳으나 요즘에는 몸속에 기생충이 있는 사람이 드물기 때문에 그냥 먹어도 무방하다.

현대를 살아가는 사람들에게 가장 큰 병의 원인은 스트레스인데 이 스트레스를 받아가면서까지 산삼을 복용할 필요는 없지 않을까 싶다. 우스갯소리지만, 산삼을 복용할 때는 부부관계를 맺지 말라고 했다 해서 분위기가 좋은데 참는 사람이 어디 있을 것이며, 그것도 10일 이상이나 부부관계를 참으라고 하는데, 하지 말라면 더 하고 싶은 충동을 느끼는 게 우리 한국 사람의 속성이 아닌가? 참을 만하면 참는 것이고 못 참겠으면 그까짓 거 가정이 우선이고 부부간의 사랑이 우선이지 산삼의 약효와는 아무런 상관이 없는 부부관계까지 참으라니 이런 말을 만든 사람들이 더 우습다는 생각이 된다.

또 지금 산삼을 먹고 있는데 술을 마시면 안 되겠느냐고 비싼 휴대전화로 전화해서 묻는 사람이 있다. 그 판단은 본인이 알아서 할 일이지, 그게 어디 어린아이처럼 먹으라 했다 해서 먹고 먹지 말라 했다 해서 안 먹을 수 있는 문제인가? 그렇게 마시고 싶으면 마셔야지 그렇지 않고 못 마셔서 병이 난다면 그게 어디 될 법이나 한 얘기인가? 까짓 거, 가진 게 돈밖에 없는데 마시고 싶을 때 술 한 잔 마시고 그깟 산삼일랑 다시 사 먹으면 되지 뭐. 그렇지 않은가?

매화마름

산삼 복용의 예

현대의학의 메카인 우리나라에서 가장 유명한 세 곳 중의 하나인 서울아산병원에서 생존 기간 3~6개월이라는 십이지장 말기 암 판정과 함께 골수까지 암이 전이된 이후 필자의 권유로 2013년 초부터 산삼을 먹고 현재 2015년 10월까지 34개월 동안 정상인처럼 생존해 계신 대전에 살고 있는 60대 후반의 한 여성의 예를 들어 보겠다.

대형 병원에서 십이지장암 말기로 생존 기간 3~6개월이라는 진단을 받은 후 3개월이 지나서 그 여성의 아들이 나를 찾아와 눈물로 자초지종을 이야기하며 어머니께 마지막 효도로 산삼을 구해 드시게 하고 싶다고 하였다. 당시에는 거의 절망적인 상태로 이미 자리에 누워 통증을 호소하며 대소변을 받아내야 하는 상황이었다.

그때 어렵게 구한 산삼 20뿌리(3냥)를 하루 두 뿌리씩 복용케 하였는데 상상도 하지 못했던 상황이 벌어졌다. 산삼을 복용하면서 20일 만에 자리에서 스스로 일어나 앉더니 점점 더 호전증세를 보여 침대에서 내려와 방안을 몇 발자국씩 걷다가 이젠 본인 스스로가 걸어서 화장실을 혼자 드나들 정도가 되었던 것이다.

그러자 아들이 급히 나를 찾아와서는 그간의 이야기를 들려주며 한 번 더 드시게 하고 싶다며 산삼을 더 부탁했고, 나는 급히 수소문하여 지난번과 같은 양의 산삼 20뿌리를 구해다 드렸다.

그걸 드신 후 그분은 첫 산삼을 먹은 지 불과 2개월여 만에 동네 주변을 혼자 산책할 수 있을 정도의 기적 같은 효과를 보았다. 물론 식사도 미음에서 일반 식사를 할 수 있게 되었고 주변 경로당에 나가 친구들과 일상적인 대화를 나눌 수 있을 정도가 되었다.

여기서 주목할 점은, 이분이 퇴원할 당시에 그 대형 병원의 담당 의사는 퇴원 후 반드시 지켜야 할 사항으로 '퇴원 후 어떤 이유에서든 한방치료는 절대로 안 되며, 침이나 산삼이나 기타 민간요법은 절대로 안 된다.' 고 말했다고 한다. 그 이유로는 한방치료나 침 또는 산삼 등을 사용할 경우 암세포가 더욱 급속히 전이될 수 있어서 아주 위험하고, 예상 생존 기간보다 더 짧게 사실 수도 있다는 것이었다.

그 뒤로 아들의 도움으로 3~4개월에 한 차례씩 같은 양의 산삼을 지속적으로 드시게 하였는데, 2014년 봄엔 언제 돌아가실 줄 모르는 상황에서 자식들의 도움으로 마지막 가족여행을 기획해 먼 길의 여행을 다녀오기도 했다.

여행을 다녀온 후 이 여성의 남편은 몸살이 나서 자리에 드러누웠으나 그 암환자 여성은 전혀 체력적인 부담을 느끼지 않아 또 한 번 놀랐는데, 현재까지 정상적인 생활을 할 수 있을 정도의 호전반응을 보이고 있다.

실명 거론을 부담스러워해 그 이름을 밝힐 수는 없지만 그 암환

고마리

자의 아들은 현재 충남 논산의 K고등학교에서 교사생활을 하며 어머니의 환후를 돌보기 위해 매년 서너 차례씩 산삼을 구해서 드시게 하고 있다.

여기서 우리가 주지해야 할 점은, 이 어머니는 의사와 자식들이 철저히 비밀에 부쳐 현재에도 자신의 병명이 암이란 사실을 전혀 모르고 있으며, 다만 본인이 많이 아팠지만 산삼을 먹고 다 나았다는 긍정적인 생각을 가지고 계시다고 한다.

필자의 사견이지만, 이만큼 그 환자분이 호전반응을 보일 수 있었던 절대적인 이유를 말하자면 이러하다.

첫째, 암은 진단 당시 말기였으며 골수까지 전이된 상황이었으므로 수술은 물론 방사선 항암 치료 한 번 받지 않은 상태였고,

둘째, 본인이 암이란 사실을 모르고 있었으며,

셋째, 환자 본인이 '산삼은 만병통치약'이라는 강한 신뢰감으로 암과 싸운다기보다 자신과의 싸움에서 이기고 있다는 사실이다.

물론 당연히 산삼의 효능도 있었겠지만 만병통치약으로 생각하는 긍정적인 생각을 가지고 있었다는 것이 무엇보다도 중요하다 하겠다. 그만큼 산삼에 대한 믿음도 강했고 본인이 암에 걸렸다는 사실을 몰랐기에 심리적으로 본인의 병이 치료될 수 있다는 확신을 가질 수 있었는데, 심리적으로 그런 긍정적인 요인들이 치료에 많은 도움이 되었을 것으로 생각한다. 만일 그 환자가 산삼의 효능에 대한 믿음이 없어서 산삼을 부정했다면 이런 기적적인 효과는 보지 못했을 것이다.

산삼의 효과 중에서 약효 못지않게 중요한 것은 역시 심리적인 효과라는 것을 실감케 하는 이야기다. 다시 말해, 이 암환자는 우선 심리적으로 승리했기에 무서운 암을 이기는 기적과도 같은 승리를 했던 것이다.

그동안 수많은 환자들에게 산삼을 먹이며 확신을 갖게 된 것은, 산삼의 최대 효과는 역시 심리적인 효과로, 심리적으로 산삼의 효능에 대해 확신을 갖고 먹는 사람과 그렇지 않고 부정적인 생각을 갖고 먹는 사람과의 차이는 실로 엄청나다는 사실이다.

이 어머니의 경우 처음 산삼을 구입할 당시엔 제대로 된 산삼을 드시게 하였고 두 번째부터는 경제적인 이유로 겨우 10년을 갓 넘은 저렴한 산삼을 구입하여 드시게 하였는데 그때 필자가 그 어머니에게 말씀드리기를, "자녀분들이 엄청나게 비싼 값을 지불하고 어렵게 구입해 온 것이니 이걸 드시면 곧 나으실 겁니다."라고 했는데 그로 인한 효과는 실로 상상을 초월했던 것이다.

산삼을 먹으려면 반드시 산삼에 대한 긍정적인 사고와 신뢰를 바탕으로 자연에서 3대 이상 순화된 산삼을 먹되 금 무게로 한 냥(대략 5뿌리) 이상 먹어야만 산삼으로서의 효과를 볼 수 있다. 여기에다 심리적인 치료도 같이 병행되어야만 극대화된 산삼의 효능을 볼 수 있음을 잊지 말아야 한다.

절굿대

다음 글에서 의혹을 제기하겠지만, 암 1~3기 진단을 받고 수술과 항암 치료를 했던 분들과 이 어머니처럼 말기 암환자로서 수술조차 포기했던 분들과의 차이는 분명히 있었다.

이 어머니처럼 수술을 포기하고 항암 치료조차 포기했던 말기 암환자들은 의외로 현재까지 생존한 분들이 종종 있는데, 암 1~3기로 병원에서 수술을 받고 항암 치료를 했던 분들은 오히려 이 세상을 하직하는 일들이 적지 않음을 볼 때 고개를 갸우뚱하게 된다.

민간요법은 왜 안 되나?

『동의보감』에 보면 약초마다의 성질과 효능과 효과가 모두 기술되어 있으나 건강한 사람이 주로 자연에서 채취되는 약초를 건강식으로 먹는 것은 최상의 보약이다.

봄이 되면 우선 우리가 살고 있는 주변에 냉이와 쑥부터 시작해서 질경이, 민들레, 닭의장풀 등 조금만 신경 쓰면 흔히 볼 수 있는 것이 약초이고 먹거리다.

그러나 약초마다의 효능과 효과도 있지만 반드시 알아두어야 할 것은 약초에 따라 찬 성질이 있고 따뜻한 성질이 있으며, 주변에 보이는 풀들 중에는 독초도 상당히 존재한다. 물론 이 독초도 독초마다 다른 정확한 법제를 하면 좋은 약초로 탈바꿈되기도 한다.

일단 병에 걸려 소문이 나면 주변 사람들은 마치 자신이 약초 전문가라도 되는 양 '누가 이걸 달여 먹고 병이 나았다더라,' '이것 먹어라, 저것 먹어라.' 하며 다른 사람들한테서 주워들은 정보를 알려주는 사람이 정말 많다.

여기서 주의할 것은 최소한 인터넷 검색을 통해서라도 약초의 성분이라도 알고 먹으면 좋지만, 물에 빠진 사람 지푸라기라도 잡는 심정으로 그렇게 주위 사람들이 말하는 대로 아무거나 먹게 되면 오히려 몸 상태는 돌이킬 수 없는 상태에 이르게 될 수 있음을 명심해야 한다.

버섯조차도 나무에 매달린 버섯이 모두 몸에 이로운 것은 절대로 아니다. 상황버섯도 잘 알고 먹어야지 무턱대고 따다가 삶아 먹게 되면 오히려 간에 부담을 주고 위가 상하게 되어 쉽게 고칠 수 있는 병도 잘못된 상식으로 인하여 돌이킬 수 없는 상황이 된다.

자신이 없는 약초를 먹을 때는 최소한 전문가인 한의사에게 물어보고 먹든지, 그것도 안 되면 요즘 같은 정보화시대에 인터넷 검색을 해보고 나서 먹는 것이 좋다. 그렇지 않고 확실한 지식이 없는 상태에서 남의 말만 듣고 먹게 되면 호미로 막을 일을 가래로 막아도 안 되는 상황이 발생할 수 있다.

필자 역시 산에 있는 모든 약초를 잘 아는 전문가가 아니므로 모르는 것은 절대로 손대지 않는다. 오래 전 피로가 쌓여 병원에서 영양제 링거를 맞으러 병실에 가서 누워 있는데 한 아주머니가 투덜거리면서 하는 말이, 항상 위가 쓰려서 고생을 하고 있는데 옆집 아저씨가 위 쓰린 데는 그저 애기똥풀이 특효라며 가져다주어 그걸 삶아먹고 탈이 나서 이렇게 병원에 와서 해독제를 맞고 있다는 것이었다. 평소에 약초에 대해 많이 아는 것처럼 행세하여 믿고 먹었는데 이렇게 되었다면서 투덜거렸다.

애기똥풀은 잘라 보면 노란색 즙이 나오는데, 마치 애기똥과 같은 냄새가 난다 해서 애기똥풀이라는 이름이 붙여진 독초이다. 그런 독초를 먹었으니 위는 물론 간까지 문제가 생겼던 것이다.

이처럼 주변의 민간요법을 한다는 분들의 이야기를 잘못 들었다가는 크나큰 낭패를 보게 된다. 마침 맹독성 약초가 아니니기에 망정이지 큰일을 치를 뻔한 이야기다.

'봉황삼' 이라 불리는 백선피에 대한 이야기다. 현재도 인터넷에 보면 봉황삼 또는 봉삼이란 약초로 산삼보다 효과가 더 좋다는 글로 우매한 사람들을 찾고 있다. 인터넷을 검색하면 이 봉황삼은 악성종양, 가려움증, 항암 치료 등에 특효라 쓰여 있는데, 사실 봉황삼은 뿌리를 쓰지만 반드시 뿌리에 박힌 심을 빼서 법제 후에 사용해야만 약초로서의 역할을 한다. 그렇지 않고 그대로 쓸 경우 신장 하나를 저승사자에게 상납해야 하는 아주 무서운 약초이다.

필자 주변에 지인으로부터 봉삼주를 선물 받은 친구가 있었는데, 3년을 숙성시켰으니 술맛이 아주 좋을 것이라며 그 봉삼주를 마시려 하기에 절대로 먹어서는 안 되니까 빨리 밖에 쏟아 버리라고 말하고 나서 필자가 담근 산삼주를 한 병 준 적이 있다. 봉삼주를 담그려면 반드시 뿌리 속에 박힌 심을 빼내 버리고 껍질만 정종에 24시간 동안 담갔다가 건져서 말린 후에 술을 담든 달여 먹든 약초로 써야 한다.

산삼도 마찬가지다. 산삼은 모두 좋은 약초지만 뿌리만 보아서는 산삼인지 무엇인지 구분이 안 가는 맹독성 뿌리도 많다. 확실한 산삼만이 산삼이지, 뿌리가 비슷하다 해서 무조건 산삼인 줄 알고 잘못 먹었다가는 큰 낭패를 볼 수도 있으므로 자신이 없으면 한의사에게 문의해 보고 나서 먹는 것이 좋다.

산삼의 재발견

평소 건강할 때는 누구나 앞으로 닥칠 자신의 운명을 예감하지 못한다. 아니, 그 운명을 철저히 무시해 버리고 때로는 과시욕으로 다른 사람들의 관심을 끌고자 극한 상황을 만들어 몸을 함부로 굴리기도 한다.

예를 들어, 혈기 왕성한 젊은 시절에는 '술 마시기 시합' 등 건강에는 최악의 상황을 만들어 소위 객기를 부리기도 한다.

결국 그렇게 몸을 함부로 굴리게 되면 우리 몸은 자체 방어능력을 상실해 반드시 늦게라도 몸의 이상을 불러오게 된다. 자체 방어능력을 상실하여 체력의 한계가 찾아오면 우리 몸은 자연적 수순으로 질병이라는 길로 접어들게 되고 암, 당뇨병, 뇌졸중 등과 같은 중한 병을 얻게 된다.

또한 우리가 살기 위해 선택의 여지없이 먹어야 했던 각종 음식에서도 질병의 원인은 제공되었고, 역시 오래 전에 사용되었다가 현재는 사용 불가 판정을 받은 유기수은이 함유된 농약으로 재배된 각종 쌀을 비롯해, 한국인의 밥상에서 빠질 수 없는 김치 재료 배추에서부터 고춧가루에 이르기까지, 그리고 우리의 대표적인 보양식 인삼에 이르기까지 유기수은이 함유된 농약에 오염되어 우리의 건강은 항상 위험에 노출되어 있다. 그러다 보니 그야말로 먹고 살 만하니까 중병에 걸리게 된다.

사람이 중병에 걸리게 되면 가장 먼저 생각하게 되는 것이 바로 '만병통치약은 없을까?' 이다.

수술대 위에 누워서 의사들의 칼질을 받고 싶은 사람은 이 세상에 단 한 사람도 없을 것이다.

중국의 진시황도 찾아 헤맸다던 불로초, 그 불로초를 한 번쯤 생각해 보지 않은 사람은 아마 없을 것이다.

땀나리

그러나 안타깝게도 인간의 최대 수명은 120살, 즉 인간이 무병장수할 수 있는 기간은 최고 120년에 불과하다고 한다. 이는 바로 아무리 좋은 명약을 먹어도 인간은 언제까지나 늙지 않을 수 없다는 이야기가 되겠다.

100세 시대를 맞은 오늘날, 현대의학은 참으로 많이도 발전되어 왔다. 그러나 그에 못지않게 현대의 병 또한 또 다른 변이가 되면서 현대의학으로 증명할 수 없는 새로운 이름의 희귀한 병들이 우리에게 가까이 와 있다.

치료하기 힘든 병과 치료되지 않는 불치병을 난치병이라고 한다. 응급용 땜질식 처방으로 발라도 안 되고, 부작용이 가장 우려되는 스테로이드가 만병통치약으로 최우선 처방이 되지만, 결국 완치나 불치의 결과는 환자 본인의 몫인 셈이다. 치료법도 다양하게 발전되었지만 그에 뒤질세라 병 또한 다양하게 변화되면서 현대의학으로도 새로운 병 치료법을 풀지 못하는 형편이 되고 말았다.

그러나 필자는 그 치료법으로서 한방을 주목하고 있다. 그동안 현대의학만큼이나 한방의학 또한 많이 발전해 왔다. 굳이 『본초강목』이나 『동의보감』만 맹신하는 조선시대의 학문에서 한 발자국도 나아가지 못하도록 방해하는 현재 우리나라의 의료법이 더 큰 문제임을 주목하고 있다.

필자 역시 현재 희귀성 난치병 즉 불치병인 다발성경화증을 앓고 있지만, 현대의학에서 요구하는 한방치료의 불가 요구에 정면으로 반기를 들고 있다. 결국 지금까지 생존 기간을 근근이 이어왔지만 완치라는 길은 멀고 또 멀어 대체요법으로 산삼에 의존해 왔던 게 전부였다.

하지만 산삼만으로는 정답이 아니었고, 결국 암 치료를 위해 인생 전부를 걸어 온 현대의학 및 한방의학계의 이단아인 한의사 한

분을 만나 더욱 희망을 가지고 필자가 앓고 있는 다발성경화증을 정복하고자 필자의 인생 전부를 건 상태이다.

산삼을 주재료로 활용하여 말기 암환자를 치료하는 놀라운 광경을 직접 목도하면서 그 한의사에 대한 나의 희망의 끈은 더더욱 단단해진 것이다.

현대의학의 과학기술보다 우리 몸 전체를 더욱 잘 이해하는 한의사의 끈질긴 노력 끝에 산삼을 주재료로 활용한 만병통치약이 만들어져 지금 이 시간도 필자의 몸속에서 임상실험 중에 있는데 그 탁월한 효과를 직접 보고 느끼면서 놀라움을 금치 못하고 있다.

지금까지 산삼을 내 손으로 직접 캐서 먹기도 하고 주변에도 나누어 주면서 본의 아니게 산삼에 대한 임상실험을 계속해 오며 그 뛰어난 효과를 내 몸으로 체험하고 두 눈으로 직접 목격한바, 주재료로서 산삼을 이용한 이 약으로 인해 대한민국의 노벨의학상 수상도 멀지 않았다는 생각이 든다.

각종 질병 치료를 위한 산삼

필자는 생존 기간이 10년 남짓한 희귀성 난치병인 다발성경화증을 1994년부터 현재까지 20년 넘게 앓아 오고 있다.

앞서 밝혔듯이 필자가 산삼과 인연을 갖게 된 것은 온몸이 마비되어 욕창으로 생을 마감해야 하는 다발성경화증을 치료하기 위함이었다.

당시 나는 너무나도 비싼 산삼의 값을 감당할 수 없어 직접 심마니가 되었는데 현재까지 산삼을 캐기 위해 전국의 산을 누비는 이유는 단지 산삼을 먹고 건강을 되찾기 위함이었다.

나는 산삼을 먹고 건강을 회복하기 위한 궁여지책으로 20여 년 전부터 산에 오르며 수많은 산삼을 캐 왔다. 그 많은 산삼을 먹으면서 나는 산삼에 대해 정확하게 이해하게 되었고, 지금까지 내가 캔 산삼의 대부분을 나와 내 가족, 그리고 주변의 아픈 사람들과 함께 나눔을 해 왔다.

각종 병으로 힘들어하는 분들과의 나눔을 갖다 보니 본의 아니게 내 자신과 그들에 대한 임상실험을 하게 되었는데 산삼의 놀라운 효과를 직접 내 몸으로 체험함과 동시에 그들의 병증이 놀랍도록 호전되는 것을 두 눈으로 똑똑히 확인하였다.

또한 필자의 병을 고치기 위해 각종 민간요법이나 대체의학에 빠져들면서 대체의학을 하는 사람들과의 교류도 당연히 이어지게 되었다. 그때 산삼의 효과를 알기 위해 그 사람들의 도움으로 산삼을 달여서도 먹어 보고 또한 산삼을 증류해서 약침도 맞아 보았다.

그리고 또 산삼을 설탕과 1:1로 버무려서 발효시킨 효소도 직접 담가서 먹어 보았고, 최소 몇 백 뿌리의 산삼을 가지고 내가 할 수 있는 모든 방법을 다 경험해 보았다.

그런데 산삼만으로는 뭔가 부족하다는 걸 깨닫게 되었고, 그래서 다른 방법을 찾던 중 『말기 암도 낫는다』라는 책을 발간한 한의사를 친구의 소개로 알게 되어 수차례 교류하면서 평소에 궁금하게 생각했던 산삼의 활용법을 알게 되었다.

필자는 그 한의사가 만든 약의 복용은 물론 산삼 약침까지 직접 맞아 가면서 내 몸의 상태를 점검해 보았고 다른 암환자의 치료 과정도 면밀히 지켜보았다.

그때 나는 경악할 정도의 놀라운 광경을 여러 차례 목격했다. 그 한의사에게 말기 암 치료를 받은 사람들이 완치되었던 것이다!

우리가 알고 있는 암 치료는 당연히 큰 대학병원에서 암수술 후 항암 치료를 통한 치료가 대체적인 매뉴얼이지만, 만일 필자가 암에 걸린다면 수술과 항암 치료는 절대로 하지 않을 것이다.

지금까지의 경험을 통해, 산삼으로 조제한 간단한 약 복용으로 암 정도는 비교적 쉽게 완치될 수 있다고 감히 건방진 주장을 해본다. 그 이유로, 암의 발병 원인과 암 덩어리의 실체를 안다면 수술과 방사선 항암 치료만으로는 절대 안심할 수 없음을 알 수 있을 것이다. 방사선 치료로 인해 우리 몸의 면역력이 바닥난 상태에서 방사선 치료만으로 암세포를 다 죽일 수 없기 때문에 오히려 남아 있는 암세포에겐 번식하기 더 좋은 환경을 만들어 주는 악순환이 예상되기 때문이다.

암 치료를 위해 마지막에 한방으로 눈을 돌리는 환자들의 대부분은 양방에서 수술 및 항암 치료 등을 거쳤지만 계속해서 암세포가 여기저기 퍼져 나가 전이된 상태에서 더 이상 손을 댈 수 없는 상황에 이르면 마지막 순서로 죽음이 턱 밑에 온 상황에서 지푸라기라도 잡고 싶은 심정으로 한방치료를 선택한다.

그런데 안타까운 것은 이미 골수에 전이되고 복수가 찬 상태에서 한방치료의 효과를 얼마만큼이나 기대할 수 있을까? 하지만 이들 중에서도 재발 없이 완치되는 사람들이 나타나는 것을 보면 한방치료의 우수성을 입증할 수 있을 것 같다.

결론은 암 치료에는 당연히 양방치료도 중요하지만 양 · 한방치료를 겸한 다양한 방식의 치료가 생존율을 높이는 데 필수일 것으로 생각한다.

암 치료 방법을 보면 양방치료는 일단 진단 후 X-ray와 CT, MRI 등을 통해 암의 위치와 크기 등을 측정 후 수술요법으로 암 덩어리와 그 주변까지 모두 도려낸다. 그리고 수술 후에는 방사선을 통한 암세포의 증식을 억제하고 암세포를 사멸시키는 것이 일반적인 방법이다.

문제는 방사선 치료 후 면역력이 모두 제로가 되는 부작용과 일정 부분을 벗어나 눈에 보이지 않는 암세포가 존재해 다시 전이되는 악순환이 문제인 데 반해, 한방치료에서는 암 덩어리를 그대로 놔둔 채 소위 암세포의 먹이인 우리 몸에 쌓인 독소를 녹여 내고 우리 몸의 면역력을 키워 우리 몸 스스로가 암 덩어리를 제거할 수 있도록 하는 방법이다.

이들 두 가지 중에서 어떤 방식이 더 좋을지는 독자들이 판단할 몫이지만 한 가지 분명한 것은 양방으로 치료했을 시엔 재발의 위험성이 크지만 한방치료에서는 재발률이 제로가 된다는 점이다.

한방의학에서 암 치료용으로 조제되는 약재의 기본은 바로 산삼으로, 여기에다 기타 약초를 더해 우리 몸에 쌓인 각종 독소를 녹여내고 기를 보강, 우리 몸의 면역력을 키워 건강한 신체를 유지토록 해준다.

이런 때 필요한 최고의 약초가 바로 산삼임은 『본초강목』이나

『동의보감』에서도 어느 정도 밝히고 있지만, 여기서 우리가 깊이 생각해야 할 것은, 현대의학의 발전은 곧 양방치료의 발전이라 했을 때 한방의학은 1613년에 간행된 약 400년 전 조선시대의 의학인 『동의보감』 수준에 머물러 있어야 되겠는가?

문제는 우리나라의 의료법에 있다. 모든 의료법의 초점이 양방에 맞춰져 있다. 이는 한방의학의 발전에 크나큰 장벽이 되고 있고, 그러다 보니 결국 한방에서는 할 수 있는 것이 거의 없다. 심지어 한방에서는 X-ray조차 사용할 수 없으니 한방의학의 발전에 손발을 꽁꽁 묶어 놓고 있는 격이다.

쓴풀

현재의 우리나라 의료법으로는 한방의학에서는 신약을 개발할 어떠한 방법도 근거도 없으며 일반 약초를 조합하여 보약 한두 재를 지어 환자들에게 판매할 수밖에 없는 조선시대 한약방 수준으로 억제시켜 손발을 꽁꽁 묶어 두고 있다.

그렇다고 현대의학은 산삼마저도 부정하는가?

필자의 사견이지만 대한민국의 의료체계는 양 · 한방의 벽이 없어야 한다. 양 · 한방을 공유하는 데서 엄청난 발전을 이룰 수 있다. 심지어 발기부전에 사용하는 비아그라만 해도 그렇다. 현재 한방에서 개발한 비아그라와 비슷한 알약은 어느 것과 비교해도 손색이 없다. 오히려 한방으로 개발한 발기부전 치료제의 효과는 전립선 치료와 더불어 발기보조제로 그 효과는 훨씬 우수하다.

그렇다고 양방보다 한방이 낫다는 이야기는 아니다. 양 · 한방은 나름대로 장단점이 있으며 필자가 지금 앓고 있는 자가면역질환 다발성경화증의 경우 현대의학으로는 치료 불가로 구분되어 있다. 그래서 그 병의 이름도 '희귀성 난치병' 이다.

이 다발성경화증의 경우 치료제라고는 오직 한 가지, 스테로이드밖에 없다. 현재 다발성이란 이름이 붙어 있는 모든 병에는 오직 이 스테로이드 한 가지를 치료제로 쓰고 있다. 이 약은 피부병에도 많이 사용되는데 먹는 건 고사하고 몸에 바르지도 말라는 약이며, 결국에는 골다공증이나 당뇨병 유발, 혈압 상승 등 성인병의 근본이 되는 모든 부작용을 감수해야 하는 아주 무서운 약이다.

필자의 경우 지금도 스테로이드는 항상 비상용으로 200알을 비축해 두고 있지만 이것이 양방의 한계이다. 그러다 보니 필자는 산삼에 빠져들어 미칠 수밖에 없었다. 길어야 10년 남짓하게 살고 등의 욕창으로 생을 마감해야 하는 불치병에 걸린 내가 이처럼 20년이 넘도록 건강한 생활을 영위하고 있으니 산삼의 우수성에 대해 더 말할 필요가 없을 것 같다.

앞에서도 말한 바 있지만 다발성경화증을 진단받던 1994년 담당의사는 나에게, 퇴원해서 한방치료를 절대 받아서는 안 되며 한약 복용은 물론 침도 맞지 말고 산삼도 절대 먹어서는 안 된다고 당부를 했었다.

그때 나는 의사에게 물었다.

"그럼 제가 얼마나 살 수 있겠습니까?"

그러자 담당의사는 한참을 주저하며 망설이더니 생존 기간은 대략 10년 정도이며, 시간이 되면 온몸에 마비증세가 오게 되므로 욕창을 조심해야 한다고 말했다.

당시에 내 나이 30대 후반이었는데, 그럼 나이 50도 못 채우고 온몸에 마비가 와서 움직이지도 못해 등이 썩어 처절한 죽음을 맞이해야 하는 내 심정은 어떠했겠는가?

결국 나는 고심 끝에 그 의사가 하지 말라고 당부하던 소견을 정면으로 거부하고 친구인 한의사에게 한약을 지어 먹었고, 침술사에게 전통침을 맞았고, 대체의학을 하는 분에게 산삼약침을 맞았으며, 종국에는 산삼을 캐러 전국을 떠도는 심마니가 되어 산삼을 수없이 캐 먹었다. 죽는 게 무서워서가 아니라 최소한 욕창으로 인해 삶을 비참하게 마감하고 싶지 않았기 때문이다.

결과적으로 지금까지 이렇게 정상인이나 다름없는 건강한 삶을 살아오면서, 그 양방 의사의 당부를 정면으로 반대한 내 행위에 대해 오히려 이런 글을 쓸 수 있게 되었다는 점에서 자신감과 행복함을 느낀다.

그렇게 산삼마니아가 되어 산삼의 필요성을 이야기하다 보니 나와 산삼과의 만남이 결국 많은 분이 한방치료를 다시 한 번 생각하는 계기가 되길 바라며, 현재 세상에 가장 무서운 병이 암이지만 암에 대해 필자의 생각을 한 번 더 어필을 한다.

암은 무서워할 병이 아니다. 암에 걸리는 가장 큰 원인은 스트레스다. 그런데 그보다도 더 무서운 것이 있다. 그건 바로 우리 몸에 쌓여 있는 독소이다.

특히 40대 이상의 경우, 어린 시절부터 암을 유발시키는 유기수은이 함유된 농약을 친 쌀과 각종 채소, 과일 등의 농산물을 먹고 자랐다. 선진국 대열에 들어선 대한민국에서는 현재 사용이 절대 금지된 농약이지만 불과 20여 년 전까지만 해도 유기수은이 함유된 농약 외엔 다른 농약이 없었다.

현재 제조되는 농약은 친환경적인 농약이라서 먹어도 응급조치만 하면 생명에 지장이 없지만 당시에는 조금만 마셔도 생명이 위독한 그런 맹독성의 농약이 공공연히 사용되었었다.

수은은 발암물질이다. 이 수은이 함유된 농약을 사용하게 되면 분해되지 않은 채 농산물 속에 축적되어 있다가 우리가 그 농산물을 먹을 때 함께 우리 몸속에 들어가 암을 유발하게 된다.

중국산 농산물 즉 장뇌가 위험한 이유가 바로 여기에 있다. 우리는 지금까지 그런 음식들을 먹고 살아왔기에 특히 앞으로는 암환자가 더욱 늘어날 전망이다.

현재 양방과 한방의 대립은 바로 여기에 있는 것으로 생각되며, 심지어 대형 병원이 암환자를 얼마큼 받느냐에 따라 손익분기점이 달라질 것으로 생각된다. 결국 지금까지 대한민국에서 살아온 국민이라면 모두가 암에 노출된 위험인자라고 생각하는 것이 정확할 것이다.

그렇다면 암에 대비해서 우리가 반드시 준비해야 할 일이 하나 있다. 바로 그동안 우리 몸에 쌓여 있던 많은 독소를 제거할 수만 있다면 암은 예방된다고 생각한다.

또 암에 걸렸다 하더라도 곧바로 몸 안의 독소를 빼내고 면역력을 높일 수만 있다면 암은 완치될 수 있다고 생각한다.

그 해법이 바로 산삼이며, 이 산삼과 다른 약초를 더해서 독소를 빼내고 기력을 보강해 면역력을 높여 주면 암도 완치될 수 있다. 이미 그 결과를 여러 차례 직접 보았으므로 이렇게 '암도 완치될 수 있다' 고 자신 있게 말하고 싶다. 또한 암 예방은 물론 암으로부터 해방된 행복한 삶을 누랄 수 있게 될 것이다. 한 마디로 암이란 병은 일종의 감기 정도로 생각하면 어떨까싶다.

무병장수를 꿈꾸게 하는 산삼

일단 병원에 입원수속을 마치고 나면 X-ray부터 혈액검사, CT, MRI 검사 등 각종 기초적인 검사를 거친 후 어떤 과로 지정됨과 동시에 담당의사가 정해진다. 그러면 우선 식염수부터 꽂고 환자복을 갈아입은 다음, 새벽마다 채혈부터 체온까지 검사가 이루어지면서 질병과의 기나긴 사투가 시작된다.

간단한 병은 며칠 내로 치유가 되어 퇴원 절차를 밟지만, 특히 성인병이나 난치병인 경우에는 병원을 제집 드나들 듯하게 되어 병원과 아주 절친한 사이가 된다. 지겹고 지루한 시간의 연속이다. 언제 나을지도 모르는 가운데 입원 내내 자신의 의지와는 상관없이 코가 꿰인 듯 의사가 오라면 와야 하고 가라면 가야 한다.

봉지마다 가득한 약은 식후 30분에 먹고…….

그렇게 쌓여 가는 약의 숫자와 양은 늘어만 가며 세월이 하염없이 흘러간다.

나이 40이 넘으면 난생 처음으로 들어보는 병 이름을 매달고 코뚜레에 꿰인 소가 농부의 손에 이끌리듯 의사가 하라는 대로 이리저리 끌려갈 수밖에 없는 것이 우리 현대인들의 자화상이 아닌가

한계령풀

싶다.

그래서 나는 오랫동안 앓아 온 다발성경화증과 싸우면서 다른 길을 모색했다. 어차피 생존 기간 대략 10여 년이고, 기나긴 병에 효자 없다고, 욕창으로 생을 마감해야 한다면 내가 받는 고통은 물론 가족들이 겪어야 할 그 고통을 감안하면 하루빨리 세상을 떠나는 것이 나를 위해서도 가족을 위해서도 좋은 일이라 여겨 기어이 모험을 할 수밖에 없었다.

이틀에 한 번씩 맞아야 하는 베타페론 주사…….

변비가 생기면…….

혈압이 높아지면…….

감기에 걸리면…….

이 주사와 지겨운 약을 먹지 않고도 인간의 욕망대로 그렇게 건강하게 살아갈 수는 없는 것인지…….

그래서 눈을 뜬 것이 대체의학과 민간요법이었다.

그러나 이 대체의학이나 민간요법은 자칫 잘못 판단하면 병만 더욱 키워 더 이상 손을 댈 수 없는 상황이 전개되는 아주 무서운 요법이다.

병은 소문을 내야 한다는 말이 있다. 그러나 그렇게 소문을 내면 자칫 엉터리 약초 전문가의 갖은 유혹에 넘어가 한 순간에 내 생명과 인생이 풍전등화 앞에 놓일 수도 있다.

그래서 나는 가장 안전한 약초인 산삼을 알게 되면서 소화불량에도 감기에도 또 기분이 나빠도 좋아도 치료약은 언제나 산삼이었다. 그러나 천하 명약초인 이 산삼에도 한계가 있음을 느꼈다.

그렇게 20여 년을 보내게 되었는데 결론으로 얻은 것은 한의학의 무궁한 가능성이었다. 온갖 약초가 한약재로 활용될 경우 독초도 약초의 성질마다 다른 법제로 좋은 약초가 되고, 또 좋은 약초는 사용 방법에 따라 엉뚱한 방향으로 기대 이상의 효과를 발휘하는 것을 보면서 산삼을 활용하여 더 좋은 한약을 지을 수 있는 방법은 없을까 하고 생각했다.

어차피 생약 성분의 양약도 많지만 양약은 화학물질의 조합으로 만들어진 것을 먹고 나서 먹은 만큼의 이득보다는 오히려 먹은 만큼의 손해가 되는 경우가 더 많았다. 따라서 나는 그 후로 아주 다급한 상황이 아니면 거의 양약은 기피하게 되었다. 약초를 발효시켜 먹고 나름대로 얻은 결론에 자신감을 얻은 나는 내 약 상자에 있던 양약을 하나둘씩 줄여 갔다.

내 몸에 나타난 질병은 그동안 쌓였던 내 몸속의 어떤 독소에 의해 유전자가 변이되고 그 유전자가 내 몸에서 중한 병이 된다는 생각에 음식조차 가려먹게 되었고, 점점 좋아지는 내 몸의 변화에 자신감이 충만해졌다.

오래 전 언제부턴가 혈압은 높아지고 콜레스테롤 수치도 역시 함께 높아지며 건선에 발톱무좀까지 생기고 잇몸에 피가 나고 고름이 나면서 서서히 어금니부터 무너져 가는 내 모습을 본다. 이제는 전립선염에 조루증에 이르기까지 종합병원이 된 내 모습으로 산삼약침, 사혈요법, 뜸요법, 기 치료까지 두루두루 거치면서 어느 날 민간요법을 하며 사혈요법을 같이 배우던 반가운 친구로부터 희소식이 들려온다.

"야! 네 주변에 암환자 좀 있으면 소개해 줘라!"

"왜? 뭐하려고?"

그 친구가 아는 한의사가 한 명 있는데 그는 췌장암에서부터 어떤 암이든 모두 다 치료한다는 것이었다. 어떻게 그럴 수 있느냐고 물으니 한 유명 한의사가 암 치료제를 개발했는데 아주 끝내 준단다.

나는 더 이상 세세히 물어볼 것도 없이 서울로 내달렸다. 그리고 이내 친구 소개로 그 한의사를 만났고, 이런저런 이야기를 하던 중에 산삼을 좀 안다고 너스레를 떨며 이야기하니 이 양반이 빙긋이 웃으며 기가 막히게도, "산삼으로 암 치료를 할 수 있어요?"라고 묻는다. 그래서 산삼으로 암이 완치는 안 되어도 생존 기간을 늘리거나 통증은 잡히더라며 내가 다발성경화증을 앓고 있다고 이야기하니 이 한의사는 한 치의 망설임도 없이 숨도 안 쉬며 이야기한다.

"제가 고쳐 드릴게요! 제가 개발한 약을 먹으면 그까짓 다발성경화증은 2년이면 완치됩니다. 암환자는 6개월이면 끝장을 볼 수 있는데 다발성경화증은 오히려 자가면역질환이고 희귀성 난치병이니 2년은 걸립니다. 제 약을 꾸준히 드시면 틀림없이 완치될 수 있습니다."

이게 무슨 귀신 씻나락 까먹는 소리인가?

하지만 나는 너무나도 자신 있는 그의 대답에 그만 넋을 잃고 말았다. 잠시 조용히 5분여의 시간이 흐르고 나서 내가 말했다.

"그래요? 그럼 한번 치료해 보십시다. 비용은요?"

노랑망태버섯

"우선 믿고 드신다 하셨으니 돈 이야기는 다 낫고 나서 나중에 이야기합시다."

그렇게 나는 마루타가 되어 내 몸에 실험을 했다. 물론 그 한의사는 그 훨씬 이전부터 루게릭병이며 파킨슨씨병이며 몇몇 희귀성 난치병을 치료해 본 뒤였지만 다발성경화증은 이번이 처음이라고 말했다.

희귀성 난치병은 대부분 자가면역질환이기 때문에 현대의학으로는 말 그대로 희귀성 난치병 즉 치료 불가인 불치병이다. 그런데 너무 자신 있어 하는 그 한의사의 얼굴에는 평온한 미소가 가득하다. 온갖 풍파를 겪어 온 얼굴이지만 자만심이라기보다는 차라리 완벽에 가까운 자신감이 넘쳐난다.

6개월의 시간이 지나자 내 몸 여기저기에서 변화의 모습과 함께 자신감이 생겼다. 다발성경화증은 물론 재발이 안 되니 좋아지고 있다는 걸 느끼고, 건선습진과 발톱무좀은 흔적만 남기고 사라졌으며, 혈압도 정상의 상태로 돌아서는 등 믿기지 않는 일이 벌어졌다.

다발성경화증은 한 번 발병이 되면 주기적이라기보다는 시시때때로 재발이 되며 흔적을 남기고 간다. 처음 재발이 시작된 부분은 어김없이 약간의 무감각 증상이 나타났다. 그동안 수없는 재발이 반복되면서 손끝과 발끝에는 여기저기 감각이 무뎌진 부분이 많다.

가장 심한 사람들의 예를 보면, 두 눈 실명에 지팡이는 물론 전동휠체어를 타야만 움직일 수 있고, 결국은 누워서 지내다가 욕창으로 생을 마감하는 사람들이 대부분이다.

그러나 나는 그동안 수많은 산삼을 먹으며 이만큼 유지해 왔지만 재발되는 것만큼은 어쩔 수가 없는 상태였다. 다발성경화증을 앓고 있는 사람들의 대부분은 언제 또 재발될지 몰라 항상 상비약으로 스테로이드 한 병(대략 200정) 정도를 보유하고 있다. 당연히 그동안의 경험상 재발을 자주 해본 사람이라면 그 정도의 준비는 상식이 되어 버렸고 나 역시 지금도 만일을 위해 항상 한 병 정도는 준비해 두고 있는 실정이다.

그러나 지금은 그 감각이 서서히 돌아오고 있으며, 아직까지 처방받았던 베타페론 주사약은 그동안 맞지 않았기에 현재도 2개월분을 약장 서랍 깊숙이 보관하고 있다.

나는 그동안 산삼의 힘으로 버텨 오며 같은 다발성경화증을 앓고 있는 사람들 가운데서 가장 좋은 상태를 유지하고 있지만, 이제는 완전한 자유를 찾은 것 같아 날아갈 것 같은 기분이다.

여기서 생각해 본다.

'과연 그럴까?

'왜?

'어떻게?

'산삼이 산삼처럼 만병통치약이 된 이유가 무엇일까?

많은 생각을 해오면서 나름대로 얻은 결론은 한의학과 현대의학의 차별성이라고 생각한다. 한의학의 기본 치료법은 자기 몸의 면역력을 높여 자기 몸의 병을 스스로 치료하게끔 만드는 것이다. 즉 기를 높여 자기 몸의 항체의 힘을 길러서 내 몸에 있는 어떠한 병도 스스로 이기게끔 만들어 주는 게 한의학의 기본이다.

그렇다고 내가 한의사도 아니고 제대로 된 연구를 해본 사람도 아니다. 단지 산삼이 좋다 해서 이 산 저 산 찾아다니며 수없이 많은 산삼을 캐어 먹었기에 산삼에 관한 한 보편적인 상식 이상을 가지고 있을 뿐 한의약에 대해서는 별로 아는 것이 없다.

그렇지만 산삼에 관한 지식만큼은 그 누구에게도 지고 싶지 않다. 나는 그동안 내가 먹기 위해 산삼을 캐 왔을 뿐 다른 목적은 없었고, 실제로 수천 뿌리를 먹어 보았기에 산삼의 놀라운 효능에 대

⬆산해박

해 장담할 수 있다. 즉 우리나라에 나만큼 산삼을 많이 먹어 본 사람은 없을 것이라는 데서 오는 자신감이다.

어느 날 다시 만난 그 한의사가 내게 알약을 건네주며 말했다.

"이거 한번 드셔 보세요."

나는 주저 없이 알약 세 개를 목에 넘겼다. 그리고 한 시간쯤 흘

렀을까? 현기증이 나면서 눈엔 별이 반짝이고, 도저히 계속 앉아 있을 수가 없다. 그래서 이게 무슨 약이냐고 물으니 지종산삼으로 만든 '지종산삼단' 이란다.

그동안 산삼을 그토록 많이 먹었는데도 이렇게 확실한 명현현상을 느껴본 적이 없다.

두려움 반 기쁨 반으로 버티다가 기어이 병원에 드러누워 두 시간이나 흘려보냈지만 좀처럼 나아지지를 않는다.

결국 나는 큰딸아이의 도움을 받아 병원을 나서서 집으로 가기 위해 지하철역을 걷다가 그만 고목나무 쓰러지듯 기절하고 말았다.

그러고 나서 5분 정도나 지났을까? 눈을 떠 보니 앞으로 고꾸라졌는데도 다행히 이는 다치지 않았지만 아랫입술은 구멍이 나서 피가 줄줄 흐르고 있었는데 내 옆에서 누군가 한 사람은 119에 전화를 하고 있었고, 내 딸아이는 놀라 기겁을 해서 어쩔 줄을 몰라

했고, 또 누군가는 내 손목의 맥을 짚고 있었다.

눈을 뜨는 순간 잊지 못할 정도로 눈앞이 밝았고 지하철 역 주변 상가들에 내걸린 옷들의 색상이 그토록 화려한 줄은 예전엔 미처 몰랐었다.

간신히 집에 도착한 나는 12시간 이상 꼬박 잠을 자다 일어났다. 정신도 더 맑아지고 몸도 개운해졌다.

약을 먹고 나서 무려 17시간 이상을 어떻게 보냈으며 집에는 어떻게 왔는지 도무지 모르겠다. 나중에 그 한의사에게 물으니 지종 산삼으로 발효를 시켜 여러 가지 한약재를 혼합해 만든 본인만의 비방약인 '산삼생명단' 이란다. 그 약이 암을 낫게 하고 또 생명을 연장시켜 주는 '산삼생명단' 이라는 설명에, 그럼 나는 몇 살까지 살 수 있겠느냐고 물으니, 그럼 몇 살까지 살고 싶으시냐고 되묻는다. 말 대신 빙그레 웃기만 하자 그는 이렇게 설명했다.

"산삼의 위력이 이렇게 큰 줄은 저도 미처 몰랐습니다. 저 또한 이선생의 모습을 보며 많이 놀랐어요. 산삼을 발효시켜 제 비방약을 이렇게 섞으면 아마 100살까진 무병장수할 수 있을 겁니다. 암도 완치되고 나서 절대로 재발이 없습니다. 몸의 독소를 완전히 제거했고 이 산삼생명단을 정기적으로 먹으면 몸 관리 잘한 사람은 아마 120살까지는 문제없을 겁니다."

이처럼 산삼의 효능과 위력은 실로 말로 글로 다 표현 못 할 만큼 엄청난, 그야말로 신이 내린 명약이라 감히 말하고 싶다. 어떤 산삼을 어떻게 먹느냐에 따라 그 산삼의 위력은 실로 엄청난 위력을 발휘할 수도 있다는 사실을 꼭 밝혀두고 싶다.

산삼도 발효가 답이다

최근 추세를 보면 건강식품들은 대부분 발효식품이다. 실제 우리나라의 김치가 해외에서까지 건강식품으로 각광을 받고 있는 것은 발효식품이기 때문이다. 김치는 물론 된장, 간장, 고추장 등 우리나라의 전통식품 대다수가 발효식품이다.

각 방송국의 건강 채널을 보면, 말기 암에 걸려 병원에서도 더 이상 손을 쓸 수 없게 되어 산속으로 들어가 각종 약초에 설탕을 넣고 발효해서 먹고 완치되었다는 이야기를 한다.

발효식품의 대표적인 케이스가 매실이다. 매실을 황설탕에 재어 3개월 동안 발효시킨 후 그 효소를 물에 타서 음료로 마시거나 식단에 올라오는 모든 반찬에 MSG 대신 넣고 양념해서 먹는 것이 대세이다.

그러나 필자의 경험과 지식으로는 모든 약초를 발효시킬 때는 반드시 1년을 발효시켜 거른 다음 다시 2년 이상 재숙성해야 하며, 그때서야 비로소 완전히 발효된 효소로서 건강식품이 되고 효능을 볼 수 있다.

일부 채널에 모 대학의 화학과 교수가 나와서 '설탕으로 만든 효소는 효소가 아니고 설탕물에 불과하다' 고 말하자 자기 집에 담가 두었던 각 효소들을 당장 쓰레기통에 붓는 걸 목격하고 방송의 힘이 실로 대단하다는 걸 느낀 적이 있다.

당연히 황설탕을 넣고 발효시켰으니 설탕물이라 해도 틀린 말은 아니겠지만 각종 약초에 설탕을 넣고 발효시키는 이유는 설탕이 바로 방부제 역할을 하며 방부제를 넣어 말 그대로 약초를 썩히는 과정이 바로 발효란 말인데, 설탕물에 불과하다는 이야기는 효소에 대한 모독 발언이 아닌가 싶다.

참고로 제과점에서 빵을 만들 때 부패를 방지하기 위한 필수적인 첨가물이 설탕인데 바로 설탕이 방부제 역할을 하기 때문이다.

효소가 설탕물이라 했는데 단맛이 나니 설탕물이라 해도 틀린 말은 아니겠지만, 실제 경험에서 메주를 만들어 띄울 때 대부분 천장에 매달아 말리고 따뜻한 곳에 이불을 덮어씌우는데 그 역겨운 냄새는 정말 경험해 보지 않은 사람들은 이해를 못 한다.

그러나 처음 메주를 만들 때 완전히 식힌 다음 바로 설탕으로 발효된 효소를 스프레이로 뿌리고 다시 메주 모양을 만들어 바로 짚을 깔고 말리면 묘하게도 메주는 마르면서 바로 멋지게 뜬다. 즉 그 냄새를 맡을 새도 없이 바로 메주가 완성되며 된장, 간장은 물론 고추장을 바로 만들 수 있다.

이러한 결과물로 볼 때 설탕 발효 효소에 효소균이 없다는 이야기는 절대로 틀린 말이다. 발효라 함은 결국 썩히는 과정을 말하는데, 설탕 양을 적당하게 조절해 단맛을 강하게 하거나 약하게 하여 발효식초를 만들 수 있어 또 다른 건강식품이 된다. 각 약초마다의 약성을 추출하는 데 최고의 방법이 발효라 할 수 있다.

또 다른 방법으로는 설탕이 아닌 다른 균을 이용하는 발효 방법이 있다. 약초를 발효하여 약으로 사용하려면 약초에 따라 그에 맞는 다른 발효균을 이용하는데, 이렇게 발효된 것은 약초 본연의 효과보다 몇 배의 효과가 나타나게 된다.

즉 암 치료에 쓰는 산삼의 발효 과정을 보면, 산삼 발효균을 이용해 발효를 시키고 발효시킨 산삼은 발효균을 그대로 살려 약을 만드는데, 그 방법을 여기서 일일이 설명할 수는 없지만 그 효능과 효과는 정말 놀랄 정도다. 이때 발효된 산삼은 우리 몸의 면역력을 강하게 키워 주어 우리 몸 스스로 어떤 병도 치료할 수 있는 명약 중의 명약이 된다.

이로 볼 때 모든 질병의 치료에는 바로 산삼이 해답이며 불로초이고 만병통치약이 됨은 틀림없는 사실이다. 산삼을 발효시키면 그 효과가 몇 배로 증폭되어 그 옛날 진시황이 찾아 헤매던 바로 그 불노초가 되는 것이다.

왜박주가리

암을 두려워하지 말고 미리미리 예방하자

기대 수명 100세 시대!

이제 건강관리는 선택이 아니라 필수다.

골골 100세가 아닌 팔팔 100세를 살기 위해 전 국민이 건강 정보에 귀를 쫑긋 세우고 민감하게 반응할 정도다.

사람이 나이가 들면서 필수불가결한 과정은 바로 노화와 더불어 성인병이 시작이 되고 몸에 이상이 온다. 하루가 다르게 변화되는 본인의 체력을 피부로 느끼면서 나이 탓을 한다. 흰머리가 늘고 주름살 또한 눈에 띄게 늘면서 온갖 성인병으로 살아가는 동안 나

체리

이의 한계를 느끼게 된다. 결국 건강관리는 등산이다, 골프다, 아니면 축구와 테니스의 각종 운동을 의무적으로라도 해야 하는, 건강관리상 어쩔 수 없는 선택이 된다.

그러나 이 모든 것이 사후약방문이라 해도 과언이 아니다. 어려서부터 철저히 몸 관리를 해 왔다면 다른 사람들보다 그런 느낌들을 훨씬 뒤에야 느끼게 되겠지만, 이미 몸속에 쌓인 독소는 우리 몸 곳곳에서 내 몸을 점점 더 노화시키며 쇠약하게 만들고 있는 중이다.

그렇다고 해서 100세 시대를 살면서 나이 탓만 하며 당연시하고 암울한 삶을 살아갈 필요까지는 없지 않을까싶다.

그동안 자신도 모르게 몸속에 쌓여 왔던 독소가 점점 더 쌓이고 쌓여 우리 몸의 노화를 점점 더 빠르게 촉진시키고 있다는 사실을 이제 독자도 알았을 것이다.

그렇다면 그동안 우리 몸에 쌓여 왔던 노화를 촉진시키는 독소를 모두 빼 버리면 어떻게 될까?

그렇다. 현재 나이보다 적어도 20년은 젊어질 수 있다. 최근 들어 '디톡스' 라는 새로운 용어가 등장했는데 건강관리에 있어 필수적인 과정이다. 그러나 이 역시 도처에서 가짜가 판을 치고 있고, 한낱 돈벌이 수단으로 이용되고 있으며, 가짜 정보를 포함한 별의별 방법과 수단이 판을 치고 있다. 스마트폰 하나면 어떤 정보도 공유할 수 있는 시대에 '디톡스' 를 검색하면 수없는 정보들이 나타난다.

그러나 여기에도 함정이 있어서 그마저도 신뢰할 수 없게 되었으니 이 또한 가짜 정보가 판을 치고 있기 때문이다.

검색창의 검색어도 돈이 되어 누구든 일정 비용만 들이면 검색어의 맨 윗줄에 뜨게 만들어 포털 사이트에선 그런 분야의 영업 또한 엄청난 수익이 되고 있다. 우리가 찾고자 하는 정보도 돈을 들인 순서대로 만들어지는 게 작금의 현실이고 보면 모두가 진실은 아닐 수 있다.

한방에서 암 치료 및 각종 질병에 대한 치료의 시작은 간단한 녹용으로 지은 보약이 아니라 그동안 살아오면서 나도 모르게 은밀히 쌓였던 몸속의 독소를 빼는 것이 기본이 된다. 우선 그 독소를 몸에서 빼내면서 역시 산삼생명단으로 면역력을 키워 주면 서서히 얼굴색이 변하며 수술 없는 암 치료가 시작된다.

기존 경험자들의 사례를 보면, 자신의 몸에서 대소변을 통해 빠져나오는 독소를 바라보면 희망을 갖게 된다고 한다. 때로는 시커

면 핏덩어리와 고름, 그리고 누런 점액질이 빠져나오는 모습을 보면 환자들은 그동안 몸 관리를 잘못해 왔던 자신을 탓하며 새로운 희망을 갖게 된다. 신기하게도 암 덩어리의 독소가 녹아 나오는 모습을 보면서 그동안 등한시해 왔던 자신의 몸 관리에 경악을 금치 못하게 된다.

우선 가장 기본적으로 혈관에 쌓인 독소가 동맥경화와 뇌졸중의 원인이 되는 점액질과, 피를 걸러 주는 신장을 청소하면서 내 몸의 독소가 소변을 통해 빠져나오고, 위장부터 대 · 소장을 청소하며 대변을 통해 빠져나오는 독소의 양과 질은 엄청나다.

그러니까 독을 빼고 산삼생명단으로 몸의 기를 보강시켜 면역력을 키워 주면 내 몸 스스로가 암은 물론 각종 질병 및 성인병까지 모두 치료하는 원리이다.

결국 암 덩어리는 오랫동안 우리 몸에 은밀하게 쌓여 오던 독소들을 통해 유전자가 변이되고, 각종 세균들과 바이러스, 곰팡이들이 모여 유전자가 변이되며, 우리 몸에서 점점 커지고 일단 한 곳에서 자리 잡은 암 덩어리는 몸속의 다른 장기로 퍼져 나가면서 우리의 생명을 죽음으로 몰아넣는다.

따라서 수술만이나 항암 치료만으로는 암을 없앨 수 없으므로 다행히 초기에 발견된 암은 암세포를 제거하면 되지만 쌓여 있는 독소들은 또 어디로 재발이 될지 누구도 모르게 된다. 한 번 발병된 암이 일정 기간 지나면 또다시 같은 곳이나 다른 장기에 발병되는 이유가 바로 여기에 있다고 본다.

결국 수술 후 방사선 치료만으로 완치를 바란다면 요행수를 바라는 것과 뭐가 다를까싶다. 따라서 건강한 사람이라도 암 예방과 각종 질병에서 벗어나고 싶다면 반드시 독소를 제거해 주는 것이 100세 시대에 골골 100세보단 팔팔 100세를 위한 초석이 된다.

개인적인 상상이지만, 가족력이 있는 사람도 당연히 미리 독소를 제거하고 적당한 운동을 통한 건강관리만 해 준다면 팔팔 100세 반열에 동참할 수 있다고 본다.

즉 암 및 성인병은 가족력이 있는 사람은 그만큼 그 부위가 약할 뿐이지 처음부터 그 질병을 가지고 태어난 것이 아니기 때문에 미리 예방 차원에서 관리만 잘해 준다면 건강한 삶을 누리는 데 무리가 없을 것이다.

필자의 경우 내 몸에 쌓여 있던 독소를 제거하고 현재까지 산삼생명단을 1년간 복용하고 나서 몸의 변화를 보면 현대의학에서 치료 불가로 판명되어 치료 방법이 없다던 다발성경화증은 아직까지 한 번도 재발이 안 되고 있다. 심지어는 30년 이상 손가락에 건성습진이 있어서 손톱깎이로 한 달에 두 번 이상 깎아냈는데 산삼생명단을 복용한 이후로 흔적만 남기고 사라졌고, 또한 발톱무좀과 전립선염까지 사라져 소변 줄기가 시원하니 다시 태어난 느낌이다. 당연히 아침이면 배꼽 아래 또한 묵직하게 느껴지면서 기분 좋은 하루가 시작된다.

반드시 우리 몸 안의 독소를 제거하여 면역력을 키워야 하는 이유가 바로 여기에 있다. 언제 닥쳐올지 모르는 암의 공포로부터 벗어나고, 또 암에 걸린 후 치료가 힘들어 고민하기보다는 그동안 내 몸에 은밀하게 쌓여 왔던 독소를 미리미리 빼 주고 산삼생명단으로 기력을 보충해 주면 가래로 막을 암을 호미 하나로 간단히 예방할 수 있을 것으로 본다.

소위 말하는 '디톡스'로 건강을 되찾아 100세 시대를 밝고 활기차게 동참하는 것이 현대인이 꿈꾸는 세계가 아닌가 싶다. 그런 면에서 볼 때 산삼은 미래를 건강한 삶으로 이끌어 주는 명약초 중의 명약초임에 틀림없다.

⬆층층잔대

고령화 시대에 산삼 자원화에 대한 생각

2060년이 되면 우리나라는 65세 이상의 고령 인구가 40%로 세계 2위에 이른다는 발표에 많은 생각을 가지게 된다.

그렇다고 고령화 세계 2위의 위상은 불명예인가?

물론 고령화 사회의 부담은 경제적인 문제와 사회적인 문제가 아주 크고 여러 가지 불편한 인구 구조가 될 것이다. 그렇다고 해

체리

서 후손들을 위해 어떤 질병이든 있는 그대로 모두 받아들이고 가능한 한 일찍 세상을 하직해 줘야 하는 것이 이 세상 선배로서의 의무라 할 수는 없지 않은가. 우리나라의 현실을 보면 세계 어느 국가와 비교해 자원 부족이나 국토 부족도 편승된 조급함이 섞여 있고, 이런 자료를 내놓고 있는 전문가들조차도 이 세상을 일찍 떠나고 싶은 생각은 없을 것이다.

당면한 과제는 요즘 복지문제로 국가가 골머리를 앓고 있지만, 또 노후생활을 미리 준비하지 못한 채 고령화를 맞이한 세대는 앞으로의 삶이 더욱 걱정스러울 것이다. 또 다른 골머리들 앓을 수밖에 없는 큰 고민거리로 자신의 2세들에게 노후를 의존할 수밖에 없는 현실이 안타깝고 불안할 수밖에 없는 실정이다.

우리나라의 모 정당에서 주장하는 무상복지 시리즈의 포퓰리즘은 전 세계가 주목하는 그리스 사태를 보면서 한 순간에 국가의 부도사태로 이어질 수밖에 없는 무책임한 정책이 아닐 수 없다. 국민들을 현혹하고 호도하는 상황에서 국가 자체가 벼랑 끝으로 몰리고 있는 현실을 타파하기 위해선 전 세계가 칭찬하고 극찬하는 단기간에 걸친 대한민국의 발전상이 롤 모델이 되고 있지만, 아무런 준비도 없이 그저 퍼주기 식의 정치는 국가 몰락으로 가는 지름길로 전 세계의 비웃음거리가 될 것이다.

이런 이유에서라도 우리 대한민국이 어느 국가도 가지지 못하는 특이한 자원을 만들어서 또다시 전 세계가 주목하고 부러움의 대상이 될 수는 없을까?

현재 우리나라의 암환자 수는 대략 30만 명이고 1년 동안 암으로 사망하는 사람이 약 7만 명이라는 통계로 볼 때 전 세계에서 암으로 사망하는 인구는 연간 대략 700만 명이며, 암환자 수는 3배수로 볼 때 2,000만 명 이상으로 추산된다.

이런 때 암 예방을 할 수 있는 신약이 개발된다면 그것을 필요로 하는 사람들은 말로 표현할 수 없을 정도로 어마어마할 것이다. 무병장수를 꿈꾸고 질병 치료를 갈망하는 전 세계인을 상대로 그들을 국내로 불러들여 질병 치료의 메카로 다시 태어난다면 그보다 더 큰 사업이 어디 있겠으며 이보다 더한 창조경제가 어디 있겠는가.

중동지역의 석유는 언젠가는 고갈될 것이지만 암을 치료할 수 있는 산삼은 얼마든지 생산이 가능하므로 산삼을 자원화하면 좋겠다는 생각이 든다. 우리나라 국토의 70%는 크고 작은 산으로 이루어져 있고 그 어느 곳에서나 산삼이 발견되는 것으로 볼 때 정상적인 산삼의 씨앗으로 산삼을 재배하여 국가가 앞장서서 관리감독하며 질병 치료에 쓰는 약으로 개발한다면 대한민국은 박정희 대통령 시절의 새마을 운동보다 더 큰 국토개발의 효과를 이룰 수 있지 않을까싶다.

그렇게만 된다면 그동안 모 정당이 주장해 오던 무대책 무상복지 포퓰리즘의 선동에서 벗어나 실제로 현실성 있는 무상복지의 결실을 이루어내 전 세계의 부러움을 사는 행복한 국가가 되지 않을까 하는 생각이 든다.

다행스럽게도 우리나라에서 발견되는 산삼은 전 세계 어느 곳에서 발견되는 산삼보다 약성이나 효능 면에서 가장 뛰어난 '고려인삼' 계 혈통이니만큼 가능한 산삼을 자원화하면 좋겠다는 바람이다.

이것이 절대 가능하다고 생각되는 것은, 이미 한의학계에서 암 치료를 위한 치료제 개발로 많은 성과를 이뤄내고 있는 현실에서 굳이 의료법으로 한의학의 손발을 꽁꽁 묶어 둘 것이 아니라, 역으로 국가 차원의 개발로 정예화 된 의료시설 및 치료약을 개발하여 농가소득은 물론 세수 확보에 골머리를 썩을 것이 아니라 전 세계인을 대상으로 의료 서비스와 암 치료는 물론 각종 건강식품의 개발로 국가소득을 올린다면 국민이 바라는 무상복지도 꿈이 아닌 현실이 되고 현 대통령이 주장하는 창조경제의 원초적인 근본이 되지 않을까싶다.

제비동자꽃

— 아래의 글은 산삼생명단을 개발한 한의사가 쓴 글을 본인의 허락 하에 옮겨 적은 것임을 밝혀 둔다.

노화 컨트롤이 암 치료의 관건!
— '산삼생명단' 의 실체

한의학박사가 30여 년 간 연구를 거듭한 끝에 만들어낸 '산삼생명단' 은 노화를 컨트롤하는 기술이다.

산삼생명단은 암을 고치기 위해 특화된 약이 아니라 노화 전체를 컨트롤하는 시스템이다. 따라서 암은 물론 노화로 인해 딸려 오는 질병도 치유할 수 있다.

산딸기

노화를 컨트롤하는 것이 암 치료에 효과를 보이는 이유는 무엇일까? 산삼생명단을 개발한 한의학박사는 "암은 시간과 함수관계가 있다."고 말한다. 세월 앞에 장사 없다는 말처럼 노화를 거스르지 못해 온갖 질병을 안게 된다는 것이다.

암의 원인은 아직도 정확하게 밝혀지지 않았다. 정확한 원인을 꼽을 수는 없으니 치료도 어려운 것이다. 산삼생명단을 개발한 한의학박사는 "정확한 원인을 모르지만 일단 노화가 진행되면 어떠한 원인에 따라 암이 발병되게 된다."며 "따라서 병원에서 5년밖에 못 산다고 한다면 8년 젊어지게 하면 살게 되는 것 아니냐?"고 말한다. 그래서 개발해 낸 것이 디에이징(De-aging) 기술인 '산삼생명단'이다. 즉 100% 완벽하지 않더라도 노화를 상당 부분 컨트롤하기에 암을 저절로 낫게 한다는 것이 그의 설명이다.

"내원한 말기 암환자 대부분이 이미 양방의 항암제 요법으로 체력이 바닥나 산삼생명단의 종양분해 반응을 견디지 못하고 약을 토하는 등의 어려움을 겪었다. 말기 암환자 가운데 3개월 이상 산삼생명단을 복용할 수만 있다면 대부분 치유효과가 나타났고, 석달 이상 복용한 20명 가운데 10명은 이미 대학병원 등에서 완치 단계의 판정을 받았다."

또한 이제까지의 여러 한의사들과의 연구 성과를 바탕으로 천연물신약을 개발하여 세계화할 계획이며, 곧 기초 관련 논문이 서울대학교에서 발표될 예정이다.

산삼생명단을 개발한 한의학박사는 환자가 일정기간 약을 먹을 수 있는 상태이기만 하면 거의 대부분 반드시 치료효과를 볼 수 있다고 강조한다.

제5장

산삼의 구별과 감정

인삼, 야생삼, 장뇌산삼, 장뇌삼, 산삼, 산양산삼, 지종산삼, 천종산삼의 특징 및 약성(藥性) 등을 알아보고, 특히 중국산 장뇌를 구분하는 방법과 산삼의 나이를 감정하는 방법을 상세하게 설명한다.

➡뻐꾹나리

산삼의 구별

앞의 글에서 밝혔지만 산에서 캤다고 해서 모두가 산삼이 아니고 대부분 야생삼이지만 정확한 구분을 할 줄 알아야만 더 이상 속지 않고 제대로 된 산삼을 고를 수 있다.

먼저 산삼은 인삼, 야생삼, 장뇌, 산삼 또는 산양산삼, 지종산삼, 천종산삼으로 구분된다.

그럼 지금부터 사진을 곁들여 가며 하나하나 구분법을 알아보겠다.

인삼

인삼의 유래는 중국에서 발행된 『신농본초경집주』와 『본초강목』에 보면 '인삼' 이란 이름으로 산삼이 소개되는데 여기서 말하는 인삼은 현재 우리나라에서 흔히 재배되는 인삼을 말한다.

우리나라 인삼 재배의 역사는 고려시대에 지금의 전라남도 화순 모후산에서 인간이 원종인 천종산삼을 처음 재배하기 시작하면서부터이다.

우리나라의 산삼은 일제시대와 6.25 한국전쟁을 거치며 대부분 멸종되고 현재 우리나라에서 발견되는 산삼은 거의 대부분 동물이나 조류 등이 인삼의 씨앗을 먹고 배설하여 다시 태어난 것이다.

산삼에 비해 각종 비료나 농약을 주어 병충해로부터 방제가 되고 충분한 영양분인 비료로 인해 크기는 더 굵어지고 길어져 지금의 인삼 모습을 가지게 된 것이다.

인삼은 인위적으로 비료나 농약 등을 사용하여 재배하며 부작용으로는 혈압 상승 등이 나타날 수 있고 주로 쓴맛이 산삼에 비해 강한 것이 특징이다.

야생삼

인삼의 씨앗을 주로 동물이나 조류인 비둘기, 꿩 등이 인삼밭에서 인삼 씨앗을 먹고 주변의 야산에 배설하여 자연적으로 자생하게 된 삼으로 산삼이라기보다는 인삼에 가까운 성질을 가지고 있다. 산삼에 비해 향이나 맛에서 현저히 떨어진다.

크기 또한 인삼의 성질을 그대로 가지고 있어서 인삼에 비하면 조금 작으나 산삼에 비하면 많이 커서 인삼인 듯 산삼이 아닌 야생삼으로 불린다.

생존 기간은 대략 10년 정도이며 현재 우리나라 산에서 발견되는 산삼은 90% 이상이 이 야생삼이다.

줄기와 잎이 인삼을 닮아서 대부분 다 자라면 4구, 5구, 6구인 야생삼은 산삼이 아닌 야생삼으로 분류하고, 보기엔 아주 웅장하고 화려해 보이나 약성에선 산삼과 비할 수 없고, 다른 이름으로 조복삼, 밭둑삼으로 불리기도 하지만 산삼의 범주에는 넣지 않는다.

특징은 인삼처럼 뇌두가 굵고 뇌두의 개수는 대부분 5개 남짓이며, 뇌두의 굵기가 인삼의 절반 정도로 늘어지며, 덩치 또한 인삼의 유전자가 그대로 남아 있어 인삼에 비해 크기나 굵기가 절반 정도이다. 산삼에 비하면 아주 굵고 크지만 약성에서는 인삼보다 낫고, 역시 산삼과는 비교할 바가 못 된다.

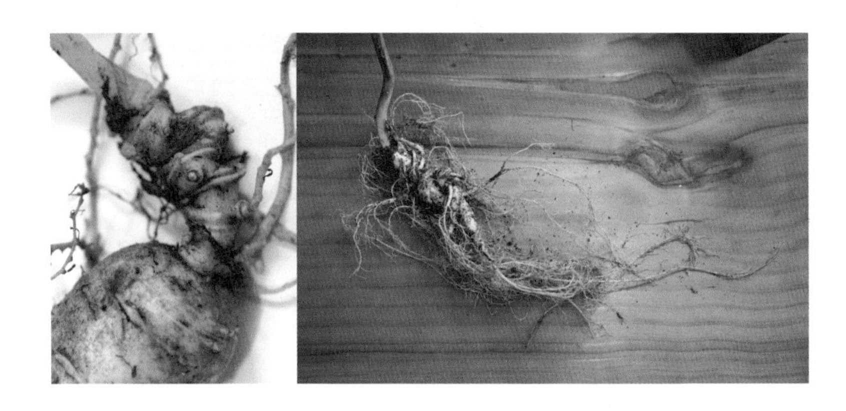

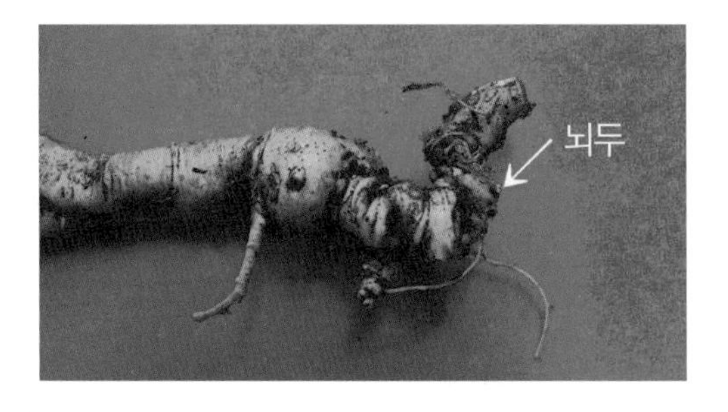

장뇌산삼

인삼의 과정을 거쳐 야생화된 야생삼이 자라서 맺은 씨앗이 다시 조류에 의해서나 야생삼이 있던 자리에서 씨앗이 자연적으로 떨어져 나온 두 번째 야생화된 삼, 즉 야생으로 2대째 이어오는 것이 장뇌산삼이며, 전국의 장뇌 농가에서 인위적으로 재배하는 장뇌삼과는 차이가 있다.

뇌두가 길다 해서 장뇌라는 이름을 갖게 되었는데, 산삼의 바로 전 단계의 삼이기에 약성에서 산삼과는 구분이 되며 중간 정도 된다고 보면 된다. 흔히 '장뇌만도 못한 산삼' 이라 불리는 것은 산삼의 바로 전 단계가 장뇌산삼이기 때문이다.

생존 기간은 대략 20년 정도이며 역시 오래 묵을수록 좋은 삼이다.

특징으로는 야생삼과 비교해 뇌두가 다시 절반 정도 가늘어지며 뿌리의 크기 또한 야생삼의 절반 정도 된다. 즉 야생화가 진행될수록 사진과 같이 뇌두와 뿌리는 점점 가늘어져 보편적으로 볼

펜 두께 정도가 된다고 생각하면 맞다.

물론 비옥한 땅에서 자란 산삼과 척박한 환경에서 자란 산삼의 굵기와 크기는 많은 차이가 있으나 대체적으로 뿌리의 굵기를 보고 뇌두의 굵기를 보면 정비례한다고 보면 된다.

장뇌삼

주로 신문이나 홈쇼핑에서 다루는 장뇌삼을 예로 들 수 있는데 일반적으로 사람이 농장을 운영하며 대규모로 재배하는 삼을 장뇌삼이라 한다.

주로 인삼 1년 근을 가을에 모종해 산에 이식했다가 대체적으로 4~5년을 재배하여 씨앗을 얻는데 이 씨앗으로 다시 재배하여 키워낸 삼을 장뇌삼으로 부른다.

처음에 1년 근을 모종한 인삼의 수명은 6년밖에 안 되므로 비료나 농약 없이 그 모종을 야생에서 재배해 그 씨앗으로 다시 야생화해야만 10년 이상을 재배할 수 있다. 그런 과정을 거친 장뇌삼의 효능은 일반적으로 야생삼 수준으로 보면 될 것 같다.

산삼

야생에서 장뇌산삼이 자라 장뇌산삼의 씨로 다시 세 번째 야생화되어 탄생된 삼을 비로소 산삼이라고 부르는데, 생존 기간은 무한대라 볼 수 있다.

어느 보고서에 의하면 인삼의 항암효과를 5년 근까지는 제로에 가깝고, 6년 근은 5%, 10년 근 장뇌산삼의 경우도 항암효과가

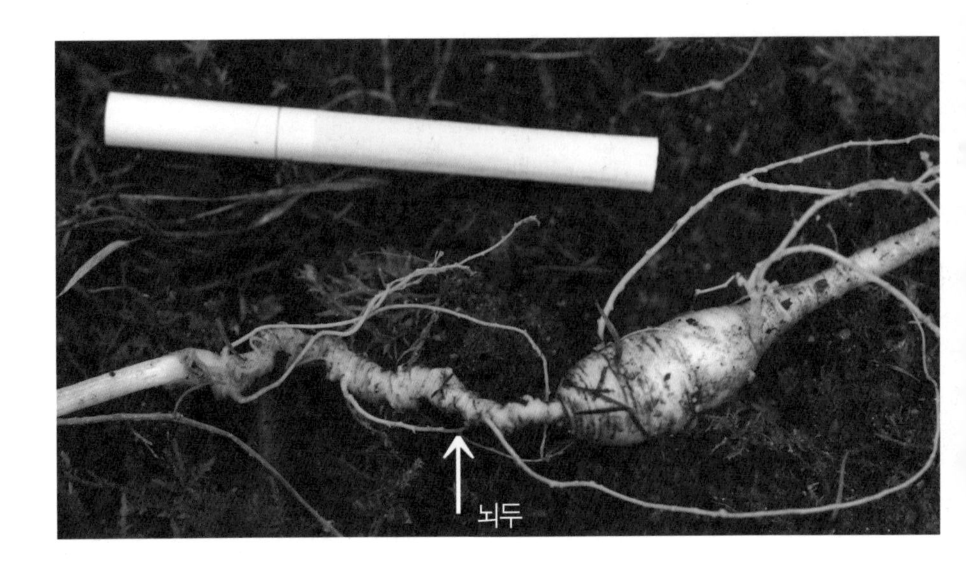

114%라고 하는데, 하물며 산삼과 인삼의 차이는 그야말로 엄청난 차이가 있다고 보아야 할 것이다.

일반적으로 산에서 채취된 삼을 모두 통틀어 산삼이라고 부르는데, 엄격히 따지자면 야생삼은 인삼 수준에서 거의 벗어나지 못한 인삼에 가까운 삼이고, 그나마 또 흔히 발견되지 않지만 장뇌산삼의 경우도 최소 10년은 되어야만 어느 정도 산삼의 효능이 있다고 본다. 더불어 실제 산삼의 경우라면 약성에서 장뇌산삼보다는 또 비교할 수 없을 정도의 효과가 있다. 산삼은 우리가 생각하는 실제 산삼의 효과를 생각하면 된다.

산삼의 경우 사람의 눈에 잘 띄지 않는 심산유곡에서 오랜 세월을 자라야 한다. 비옥한 토양에서 자란 산삼과 척박한 환경에서 자란 산삼의 비교는 크기나 굵기가 현저히 차이가 있으며 발견되는 숫자도 매우 적어 귀한 개체이다.

인삼과 야생삼, 장뇌산삼을 구분할 수 있는 유일한 방법은 바로 뇌두이다. 뿌리는 자생하는 장소에 따라 크기도 하고 매우 작아지기도 하는데 뿌리가 크고 실뿌리인 미가 길수록 좋다.

뇌두만큼은 장뇌산삼보다 더 가늘어져 장뇌산삼의 뇌두보다 또 절반 가까이 가늘어지는 것이 가장 큰 특징이다. 즉 인삼의 싹대 흔적을 뇌두라 하는데, 인삼의 뇌두는 매우 굵으며, 야생삼은 인삼 뇌두의 절반, 장뇌산삼은 야생삼의 절반, 산삼은 장뇌산삼의 절반이 되어 볼펜심 굵기의 싹대 흔적이 보이면 산삼으로 구분한다.

물론 나이가 많으면 많을수록 뇌두의 길이는 당연히 길어야 하며 그 싹대 숫자만큼의 나이를 먹었다고 본다.

산양산삼

쉽게 풀이하면 '산에서 양식하는 산삼' 이란 뜻이다. 장뇌 농가에서 재배하는 산삼을 말하는데 일반적인 장뇌 농가에서 재배하는 삼의 장뇌삼과는 또 다른 것이, 반드시 한 차례 이상 인위적으로 야생화된 장뇌삼의 씨앗으로 재배한다. 산삼이 장뇌산삼의 씨앗으로 탄생되듯 산양산삼 역시 장뇌삼의 씨앗으로 발아되어 탄생한 것이다.

약성 면에서 일반적인 장뇌삼보다는 우수하고 산삼과 비슷하지만 홈쇼핑이나 기타 광고에 자주 등장하는 값싼 산양산삼과는 전혀 다르다. 많이 왜곡된 이름으로 역시 뇌두의 굵기로 구분되나 소비자의 입장에서는 야생삼이나 장뇌삼이 산양산삼으로 둔갑하여 속임을 당하는 이름이기도 하다.

지종산삼

지종산삼은 자연에서 야생삼 → 장뇌산삼 → 산삼의 과정을 거쳐 마지막 4단계로 산삼의 씨앗으로 태어난, 현재 우리나라에서 발견되는 산삼 중에서 약성이나 효능이 가장 우수한 산삼이다. 물론 더러 천종산삼으로 추정되는 산삼이 발견되기도 하지만, 앞서 설명했듯이 천종산삼은 멸종되었다는 가정 하에 우리나라의 최고 산삼은 지종산삼으로 보면 된다.

주로 심산유곡의 자연에서 산삼의 씨앗이 발아되어 탄생된 것으로 지금까지의 산삼은 야생에서 대를 거치며 이름을 바꿔 왔지만, 지종산삼은 아무리 대를 거치더라도 영원히 지종으로 남으며 '지 씨' 라는 족보를 가지게 된다.

물론 약성이나 생존 기간은 우리가 상상하는 그대로의 산삼이며 산삼으로서의 모든 조건을 천종만큼이나 다 갖추고 있다고 본다.

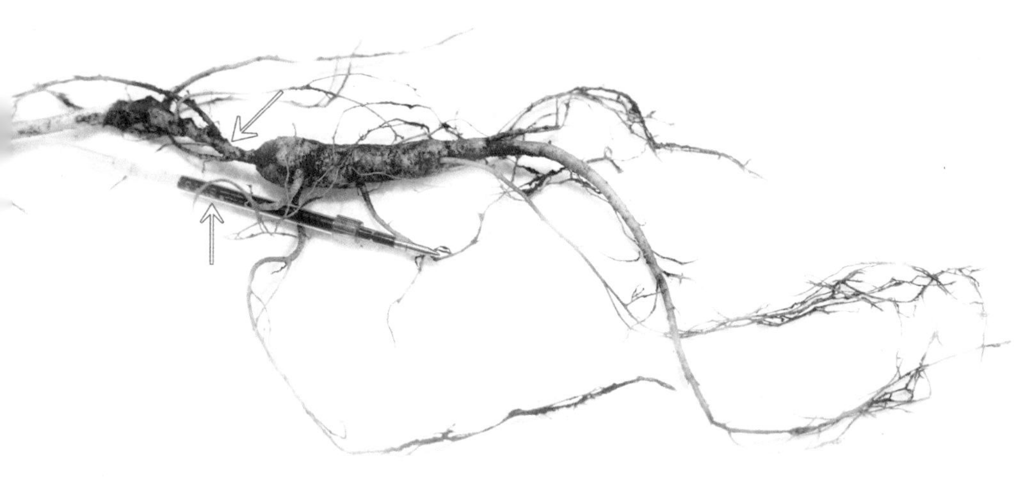

인위적인 재배를 통한 지종산삼은 없으며 당연히 자연 상태에서 그대로 자란 산삼을 말한다.

지종산삼의 특징은 역시 뇌두에 나타난다. 몸통에서 뇌두가 시작되는 부분부터 싹대의 흔적이 사진과 같이 산삼과는 달리 미끈하게 시작된다. 미끈한 부분에 좁쌀 같은 작은 돌기가 붙어 있고 싹대가 붙는 부분에 산삼과 같은 싹대 흔적이 3~4개가 달린다.

좁쌀 같은 돌기 하나가 산삼의 싹대 하나와 같으며 뇌두가 길수록 좋은 산삼이다. 값 또한 부르는 게 값일 정도이며 약성 또한 산삼의 진면목을 보여 준다.

향은 너무 진하다 싶을 정도로 강하며, 지종산삼을 먹을 경우 명현현상으로 여러 가지 반응이 나타난다. 힘이 빠지고 잠이 온다든지 아팠던 부위에 고통스런 통증을 동반하는 경우와 갑자기 설사로 인한 불편함과 각혈을 하고 코피를 쏟는 등 사람마다 반응이 다양하게 나타난다.

천종산삼

어떤 야생화 과정도 거치지 않은 천종산삼의 씨앗에서 다시 천종산삼으로 이어지는 전설 속에서나 나옴직한 바로 그런 산삼이다.

다른 이름으로 '원종' 또는 '진종'으로도 불리며 약성이나 효과는 그야말로 더 이상 설명이 필요 없는 산삼 중의 산삼이다.

앞서 말했듯이 가끔 신문지상이나 공중파 방송 뉴스에 천종산삼이라는 이름을 붙이고 나타나는 것은 천종이 아닌 허위가 대부분이다. 필자 역시 천종산삼으로 추정되는 사진은 가지고 있으나 천종의 조건에 모두 다 부합되지 않아 진위 여부를 판별할 수 없어 그냥 '천종으로 추정되는 산삼'으로 부른다.

그러나 필자의 지인이 백두산에서 산삼 산행을 하면서 캐 온 산삼이 진짜 천종산삼임을 확인했지만 이미 술병 속에 들어가 있어서 안타까움만 더할 뿐 사진조차 촬영을 못했다.

천종산삼은 전체적인 모습이 일반 산삼과 다르고 뇌두에 특징이 있다. 뇌두에서 몇 가지 조건이 맞아야 하는데,

첫째, 뿌리의 몸통에서 나온 뇌두가 시작되는 부분이 배나 사과의 꼭지처럼 배꼽이 있어야 한다.

둘째, 뇌두가 시작되는 부분은 사과나 배의 배꼽처럼 생긴 곳에서 이쑤시개처럼 뾰족하고 가늘게 시작되어야 하고, 또한 전체적인 뇌두의 굵기는 이쑤시개 정도로 가늘고 길게 뻗어 있어야 한다.

중국에서 심마니들이 산삼을 발견하면 혼이 달아난다며 주변의 나무나 일부러 꽂아 놓은 나무에 붉은 실로 묶어 놓고 채취를 시작하는데 그 이유는 바로 뇌두가 너무 가늘기 때문에 끊어지지 않도록 뇌두를 나무에 묶어 놓고 채취하기 위함이다.

셋째, 뇌두가 위로 올라갈수록 점점 굵어지며 싹대 부분엔 싹대 흔적이 서너 개 있고 아래로 내려가며 좁쌀 같은 흔적이 붙어 길게 이어져야 한다.

넷째, 몸통에 이어진 실뿌리는 모두 정리되어 가늘고 길게 한두 가닥, 많게는 세 개 정도가 길게 뻗어 이어지며, 마치 가는 부챗살처럼 힘이 있어 흔들면 찰랑거릴 정도의 힘을 가져야 한다.

천종으로 추정되는 산삼

산삼 감정법

전화로 감정

얼마 전에 갑자기 산삼이 알고 싶다며 산삼 산행에 동행했던 지인으로부터 전화가 왔다.

대박을 만났단다.

초보 심마니면 누구든 산삼의 크기가 크면 무조건 좋은 줄 알고 흥분되어 이렇게 전화를 하곤 한다.

그런 때 처음 묻는 질문은 "몇 구냐?" 이다.

앞에서 설명했듯이 5구, 6구는 산삼이 아니고 대부분 야생삼이다. 아니면 누군가가 중국산 장뇌를 산에 이식 해 놓았던 속칭 작업 삼일 가능성이 99%이다.

5구인데 씨앗도 한 주먹은 된단다.

5구라고 이야기하면 일단 야생삼일 가능성이 99% 이상이다. 그래서 땅위로 솟은 싹대의 키가 어느 정도냐고 물었다. 30cm가 넘어 50cm 이상이면 뿌리는 물론 더 이상 물어볼 것도 없이 무조건 야생삼이다.

그동안 산행 중에 만난 약성 좋은 산삼의 대부분이 2구, 3구였고, 때로는 4구도 발견된다. 그러나 5구, 6구는 모두 야생삼이었다.

산삼을 잘 아는 사람들은 물어오지도 않겠지만 2구, 3구에서 좋은 산삼이 나왔다고 하면 그때 다시 뇌두의 굵기와 길이가 얼마나 되느냐고 물으면 대충 전화상으로 감정이 가능하다.

산행에서 야생삼이 아닌 산삼이나 지종산삼을 만나기란 지극히 어려운 일이다. 인삼이 야생화를 거치며 산삼으로 되기까지의 과정은 첫째로 사람의 눈에 띄지 않아야 하고 오랜 세월을 거쳐야 하는데, 그래서 산중에 꼭꼭 숨어 있는 산삼을 만난다는 것은 바로 행운이며, 그래서 대박이라고 말한다.

대부분의 전문 심마니들은 산삼이 나왔던 자신만의 구광터를 가지고 있으며, 그래서 경력이 오래된 심마니들은 산삼을 만날 수 있는 기회가 그만큼 많다. 다시 말해, 자기가 관리하는 구광터에 가서 캐 오는 것이니 그만큼 쉽다는 것이다.

뿌리를 감정할 때

1. 산삼의 전체를 확인한다

2. 뇌두를 살핀다

뇌두는 사람으로 말하면 호적등본이나 같으므로 뇌두에 산삼의 모든 정보가 기록되어 있다.

뇌두가 가늘수록 산삼이나 지종산삼 같은 양질의 산삼이며, 반대로 뇌두가 굵으면 장뇌산삼이나 야생삼일 가능성이 크다.

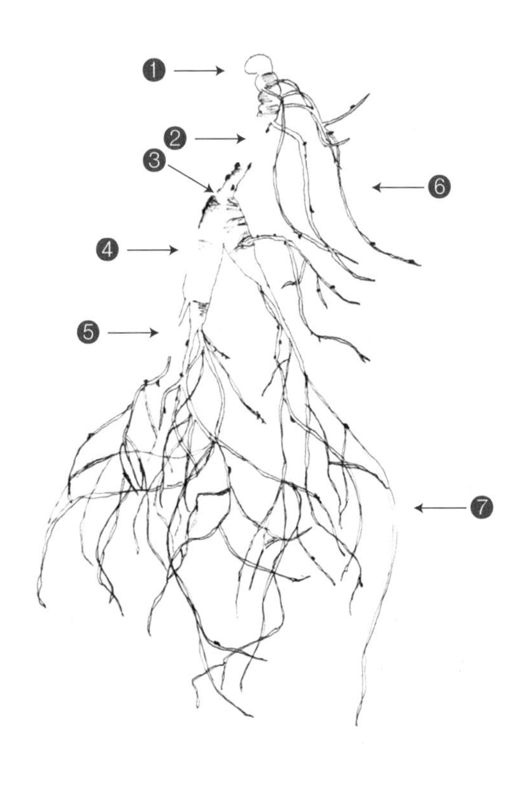

산삼의 부분별 명칭

❶ 비녀	❷❸ 뇌두	❹ 몸통
❺ 옥주	❻ 턱수	❼ 미(실뿌리)

3. 턱수를 살핀다

중국산 장뇌의 대부분은 턱수가 잘 발달되어 있어 또 하나의 뿌리가 생성되어 산삼의 뿌리만큼 굵고 심지어 본래 몸통보다도 더 굵을 수가 있다.

국내산 산삼의 경우 거의 대부분 턱수가 실뿌리처럼 가늘고 잘 발달되어 있지 않다. 그러나 때로는 양각삼의 경우 하나의 뇌두에 뿌리가 양갈래로 갈려 턱수로 오인되는 경우를 생각해야 한다. 즉 턱수와 양각삼의 차이는 하나의 뇌두에 뿌리가 양갈래로 갈라져 있느냐, 그렇지 않고 산삼의 뇌두에 또 다른 뇌두가 형성되며 뿌리가 하나 더 생성되었느냐의 차이가 있다.

결론은 턱수가 잘 발달된 산삼의 경우 중국산 장뇌를 염두에 두고 확인하도록 한다.

4. 몸통을 살핀다

국내산 산삼의 경우 몸통은 대부분 미색을 띠지만 주름이 잘 발달된 경우에는 황토색에 가까우며, 황토색이면서 주름[가락지]이 잘 발달된 산삼을 양질의 산삼으로 판단한다.

주름 사이에 낀 흙의 색을 보면 중국산 장뇌는 백두산의 화산재 영향으로 진갈색을 띠고 있으며, 국내산 산삼의 경우에는 우리가 흔히 보는 연갈색 흙이 붙어 있다.

국내산 산삼은 물에 씻을 경우 대부분 흙이 깨끗이 떨어지는 반면, 중국산 장뇌는 물에 씻고 칫솔로 털어도 흙이 잘 털어지지 않는 특징이 있다.

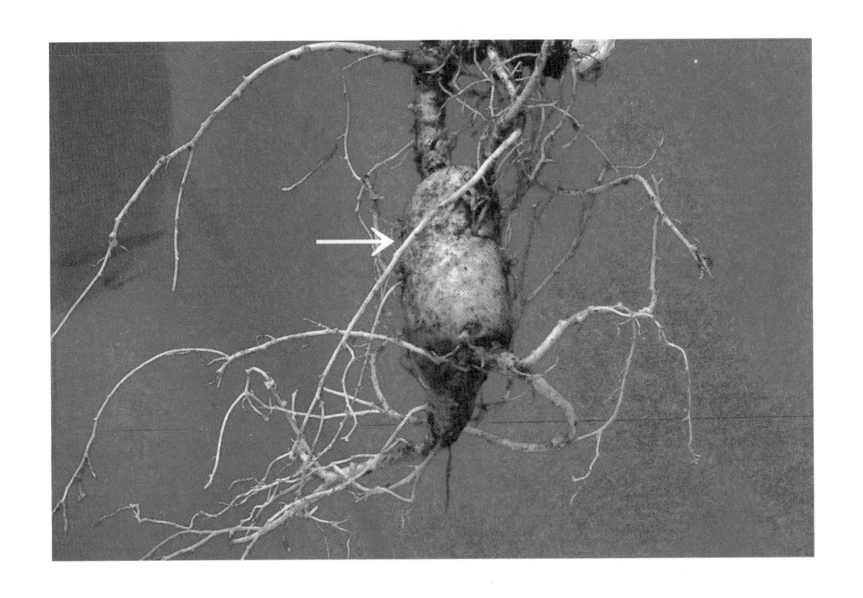

그리고 몸통의 색이 중국산 장뇌는 진한 황토색을 띠고 있어서 중국산 장뇌와 국산의 차이가 확연하게 나타난다.

또한 몸통의 모양에서 확연한 차이가 있는데 국내산 산삼의 경우 몸통 모양이 대부분 당근처럼 위는 굵고 밑으로 내려갈수록 가늘어진다. 그러나 중국산 장뇌의 경우 머리 부분보다 중간 몸통이 굵어지고 다시 가늘어지다 다시 굵어지는 현상이 나타난다. 오히려 머리 부분보다 아랫부분이 더 굵어지는 현상이 나타나기도 한다. 다시 말해, S라인 즉 울룩불룩하다는 표현이 맞을 것 같다.

몸통이 크고 작음은 산삼이 자란 환경에 따라 다르다. 비옥하고 햇볕이 없는 그늘진 토양에서 자랄 경우 당연히 몸통이 커질 수밖에 없겠으나 그 대신 가락지가 잘 형성되지 않고, 대부분 척박한 환경에서 자란 산삼은 몸통의 굵기와 크기가 왜소하지만 가락지가 잘 발달되어 있고 오히려 약성은 더 좋다.

다시 한 번 말하지만 중국산 장뇌의 경우 몸통이 국내산 대비 아주 굵고 크며 울퉁불퉁 멋지게 생겼다.

5. 미를 본다

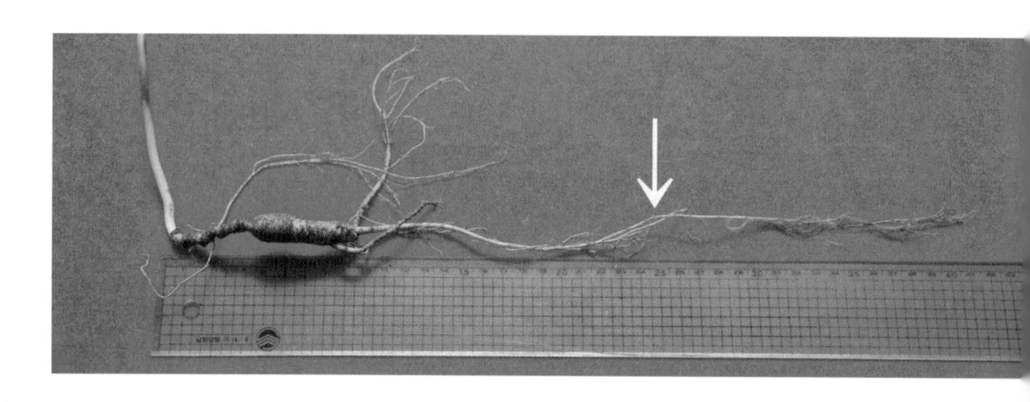

'미' 라 함은 산삼의 몸통 아랫부분의 실뿌리를 말한다. 양질의 산삼일 경우 소위 '미 정리가 되어 있다' 라고 말하는데 산삼이 자라 10년이 지나면서 본뿌리에 매달린 실뿌리를 많게는 3가닥, 적게는 1~2 가닥 정도만 남기고 스스로 정리하며 양분을 찾아 경사면의 위쪽을 향해 뻗어 간다. 이때 실뿌리에서 뿌리를 스스로 정리한 흔적으로 좁쌀만한 혹을 남기는데 이 부분을 옥주라고 한다. 즉 실뿌리의 개수가 적고 옥주가 많이 붙어 있는 것이 뿌리가 길기 때문에 양질의 산삼이며, 심마니들이 산삼을 발견한 후 붓으로 주변 흙을 털어 가며 조심조심 채취하는데 채심의 실수로 미가 잘려 있으면 유통 과정에서 심할 경우 50% 정도밖엔 값을 안 쳐 주므로 더욱 조심스럽게 채심하게 된다.

6. 산삼을 가로로 들어 위아래로 흔들어 본다

양질의 산삼인 경우 부챗살처럼 힘이 있게 찰랑거린다.

산삼의 나이를 감정하는 방법

나무의 나이를 보려면 나이테를 보듯 산삼의 나이는 뇌두에 나타나 있는 싹대 흔적을 보고 감정한다.

야생삼이나 장뇌산삼과 산삼은 뇌두에 나타난 싹대 흔적의 숫자에 더하기 5를 하는데, 이는 인삼의 경우 싹대가 형성되는 시기는 2년 이후에 나타나므로 싹대에 2를 더해 나이를 따지지만 산삼인 경우에는 뇌두가 형성되는 시점은 5년 이후에 나타나므로 싹대 흔적에 더하기 5를 하면 되며, 지종산삼의 경우도 나타나는 싹대 흔적과 뇌두에 붙어 있는 좁쌀 같은 돌출 부위의 개수를 일일이 세고 역시 여기에 더하기 5를 한다.

결론은 인삼인 경우 싹대 흔적에 2년을 더해 인삼의 나이를 판별하며, 산삼인 경우 싹대 흔적에 5년을 더해 나이를 판별한다.

또 위 사진의 산삼처럼 미가 잘린 부분을 가끔 보게 되는데 이는 면삼의 흔적이다. 기후조건이 맞지 않거나 기타 쥐 등에 의해 산삼이 상처 났을 때 등의 환경적인 요인이 발생했을 때 땅속에서 싹을 틔우지 못하고 자기 몸통의 미를 잘라 가며 영양을 보충하고 상처를 치료하며 다시 산삼이 자랄 수 있는 환경과 조건이 맞을 때 싹

을 틔우는데 길게는 10년 또는 그 이상 땅속에서 잠을 자다 나오는 경우도 많다.

긴 세월만큼이나 미가 잘린 흔적이 길어서 짧은 몸통으로 채심되는 경우가 종종 있는데, 싹대 흔적이 7개인 경우 7+5=12년에 대략 잠을 잔 흔적만큼을 더해 산삼의 나이를 감정하며, 사진의 장뇌 산삼은 싹대 흔적이 34개로 여기에 더하기 5년을, 그리고 미가 잘린 형태로 보아 최소 10년은 잠을 잔 것으로 추정되므로 34+5+10=49년, 약50년 근이다. 즉 판매상들이 사기를 치려면 여기에 곱하기 5를 하므로 250년 근으로 감정된다.

중국산 장뇌 구분 포인트

중국은 유럽 지역 전체와 맞먹는 한반도의 44배에 달하는 국토로 아열대부터 아한대까지, 그리고 사막부터 히말라야와 맞물린 고원지대까지의 기후로 세계적인 약초의 보고이다.

현재 한의학에서 사용되는 약초의 거의 대부분은 한의학이 발달된 중국에서는 꼭 필요한 약초를 대부분 자급자족하지만 우리나라 한의학에서 꼭 필요한 약초의 일부는 중국에 의존해야 하는 것이 오늘날의 실정이다.

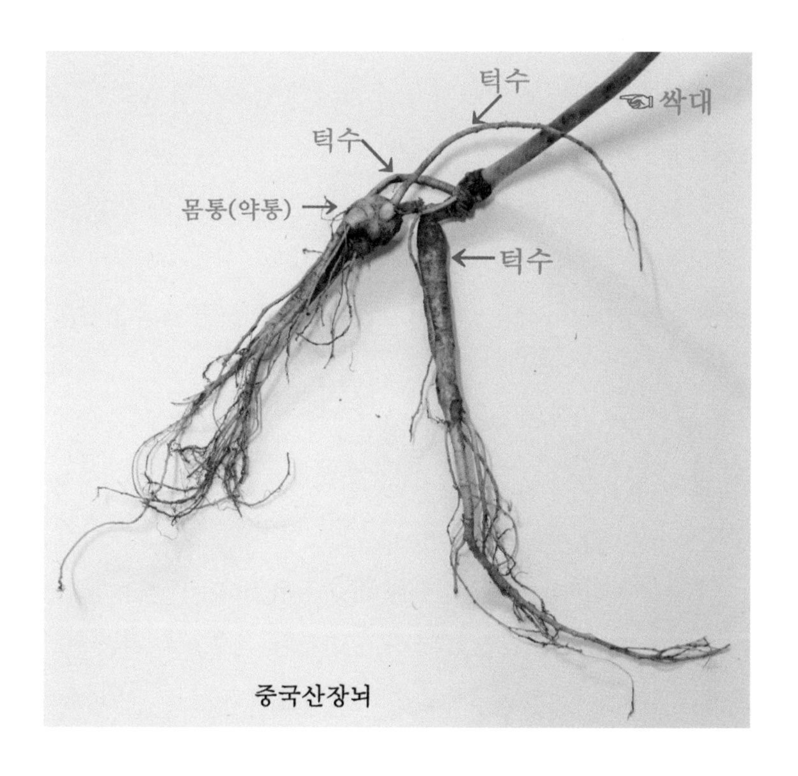

중국산장뇌

산삼 역시 백두산 주변에서부터 연해주 일대에까지 분포되어 있는 여러해살이풀로 우리나라보다도 더 오래 전에 중국에서 산삼에 관련된 기록이 나타났듯이 우리나라 고유종이 아닌 중국에도 산삼이 있다.

산삼에 관한 한 중국에서도 우리나라보다 더 인기 있는 약초 중의 하나이며, 중국산 산삼 역시 우리나라 산삼과 흡사하며 약성 또한 비슷하다.

장뇌 재배에 관한 부분만 보더라도 재배기술이 역시 우리나라보다 더 오래되고 더 발달되었다. 다행스러운 것은 우리나라의 인삼 종자와 중국산 인삼 종자가 약간 달라 종자의 구분에서 색다른 특징을 몇 가지 가지고 있어 누구나 조금만 신경 쓰고 살피면 금방 알아볼 수 있어 쉽게 구분이 가능하다.

말로 표현하자면, 우리나라 산삼은 당근처럼 처음에 머리는 굵게 시작되어 날렵하고 매끄럽게 쭉 뻗어 간다.

중국산 장뇌의 특징은 한 마디로 미스터 월드처럼 우락부락하고 뿌리가 크며 굵게 시작되어 우리 몸매처럼 가슴이 있고 허리가 있고 엉덩이가 있듯이 S라인을 자랑한다. 다시 말하면, 국내산은 전체 모습에서 몸통의 굵기가 당근 모양처럼 10, 9, 8, 7, 6, 5, 4, 3, 2, 1이나 8, 9, 10, 9, 8, 7, 6, 5, 4, 3, 2, 1로 점점 미끈하게 내려가고, 중국산은 장뇌의 굵기가 일정하지 않은 7, 8, 9, 10, 9, 8, 6, 6, 5, 2, 1처럼 굵기가 굵었다 가늘었다 하며 변화가 심하고 더러는 10, 9, 8, 5, 6, 7, 8, 9, 10, 8, 7, 6, 5처럼 변화가 많다.

중국산은 가락지[주름]가 많고 깊어 가락지 사이에 대부분 검은

빛을 띤 화산재 흙이 끼어 있다. 몸통 전체의 색이 약한 미색부터 누런색이 대부분인 우리 산삼과 달리 진한 고동색으로 검다는 느낌이 들 정도의 색으로 덮여 있을 때 중국산을 의심해야 한다.

가락지가 깊고 많은 이유로는 백두산처럼 극한 지역에서 자란 삼이기에 우리나라보다 얼었다 녹았다가 심하며, 따라서 우리나라 산삼보다 주름이 좀 더 깊고 주름 숫자가 많다.

다음으로 뇌두를 보면 우리나라의 장뇌산삼과 같이 약간 굵고 길며 뇌두에 턱수가 굵게 잘 발달해 있으면 무조건 중국산으로 봐야 한다.

우리나라 산삼의 경우 턱수는 보이지만 가늘고 실뿌리 수준인

반면, 중국산 장뇌는 턱수가 우리나라의 웬만한 산삼 굵기여서 턱수가 아주 잘 발달되는 특징이 있다.

중국산 장뇌를 절대로 피해야 하는 이유는 약성이나 모양에서는 우리나라의 산삼과 조금 다르지만 중국산 장뇌의 가장 큰 문제는 농약이다. 선진국을 포함한 우리나라는 90년대부터 사용이 금지된 유기수은이 함유된 발암물질 농약을 중국에서는 현재 장뇌를 비롯한 모든 농산물에 사용하고 있다.

이 농약이 살포된 중국산 장뇌는 뿌리에 축적된 유기수은 때문에 더욱 위험하며, 국내에 수입되는 중국산 농산물의 위험성을 강조하는 이유가 바로 여기에 있다.

중국산의 판명이 안 될 경우 국립농산물 검역소에 감정을 의뢰하면 가장 먼저 확인하는 것이 바로 유기수은이 함유된 농약 성분이다.

그러나 자연 그대로에서 자생한 백두산 주변에서 발견되는 중국산 산삼은 우리나라 산삼과 별 차이가 없고, 오히려 천종산삼이 발견될 여지가 많은 중국산 산삼을 폄하하는 것은 옳지 않다. 중국산 산삼도 우리나라의 산삼과 별반 차이가 없어서 약성이 뛰어나지만 아쉽게도 백두산 지역에서 발견되는 진품 산삼은 우리나라까지 수출될 여력이 드물다고 봐야 한다. 중국 내에서 소화되어 공급이 절대 부족하고 값 또한 우리나라보다 훨씬 고가이기 때문에 우리나라에 수입되는 중국산 산삼은 대부분 99%가 유기수은이 함유된 농약을 살포해 재배한 중국산 장뇌라고 봐야 한다.

하나 더 이야기하자면, 우리나라에서 발견되는 산삼은 전 세계적으로 인정받는 고려산삼의 원조이기에 중국산 자연산삼보다는 약성이 더 우수하다고들 말하는데, 아마도 그 이유가 백두산 쪽의 화산재 성분 때문에 나타나는 영향이 아닐까 싶다.

■ 이 책에서 인용된 산삼 용어

- 가락지 : 산삼의 몸통에 있는 주름을 말하며 횡추(橫皺)라고도 하는데 겨울과 봄을 지나며 얼었다 녹았다 하며 생긴 주름살을 말한다.
- 개갑(開匣) : 인삼 씨가 단단하기 때문에 파종 후 발아 기간을 단축하기 위하여 주로 여름에 일정 기간 물과 모래와 인삼 씨를 섞어 뜨거운 곳에 두어 인삼 씨의 발아를 위해 껍질을 벌리게 하는 작업을 뜻한다.
- 구광터 : 구광자리, 또는 밭자리라고도 하며 전에 산삼을 캤던 자리를 말하는 은어다.
- 뇌두(腦頭) : 노두(蘆頭)의 다른 말이다. 산삼의 몸통 위에 싹대 흔적으로 머리 부분을 말한다.
- 독메 : 심마니들이 채심 행위를 할 때 먼저 발견한 사람이 주변에 있는 산삼을 모두 독차지하는 행위를 말한다.
- 딸 : 달이라고도 하며 붉게 익은 산삼의 씨를 뜻한다.
- 떼심밭 : 마당심이라고도 하며 산삼이 모여 있는 산삼밭의 은어다.
- 면삼(眠蔘) : 산삼이 기후조건이 안 맞아 싹대를 올리지 못하고 땅속에서 휴면하고 있는 삼을 말한다.
- 명현반응 : 산삼을 먹음으로 나타나는 증상으로 사람마다 다

르지만 힘이 빠지거나 잠이 오고 심지어 아팠던 곳에 심한 통증이 동반되기도 한다.

- 몸통 : 산삼의 뿌리를 말하는데 약통이라고도 한다.
- 묘삼(苗蔘) : 장뇌삼이나 인삼 씨를 묘포에 파종하여 싹을 올린 삼.
- 방울삼 : 뿌리가 방울 모양으로 둥글게 생긴 산삼.
- 비녀 : 다음해에 나올 싹대의 모습. 옛 여인들이 긴 머리를 말아 올릴 때 꾲았던 비녀의 모습과 흡사해 붙여진 이름이다.
- 사구 : 싹대가 네 가지가 있는 산삼을 말하는데 4지(四肢)라고도 한다.
- 사지오엽(四肢五葉) : 산삼의 싹대가 네 가지로 되어 있는 산삼. 인삼에선 주로 4년생이다.
- 싹대 : 삼대 또는 꽃대, 또는 죽이라고 불리며 산삼의 뿌리에서 나온 줄기를 말한다.
- 산삼(山蔘) : 본래의 뜻은 깊은 산속에서 자연적으로 자생하는 삼이지만, 인삼의 씨앗으로 시작되어 야생삼과 장뇌산삼을 거쳐 장뇌산삼 씨앗으로 3대째 태어난 산삼을 말한다.
- 산양삼(山養蔘) : 장뇌삼의 씨앗을 인위적으로 산중에 뿌려 기른 산삼.
- 삼구 : 싹대가 세 가지가 있는 산삼을 말하는데 3지(三枝)라고도 한다.
- 생바닥 : 생자리라고도 하며 산삼을 처음 캐는 곳.
- 세근(細根) : 산삼의 몸통에 달린 잔뿌리.
- 실뿌리 : 산삼 몸통에 붙어 있는 뿌리를 말하는데 잔뿌리 또는

세근(細根)이라고도 한다.

- 심 : 산삼의 본 이름. 『동의보감(東醫寶鑑)』, 『방약합편(方藥合編)』에서 산삼을 '심(心)'으로 처음 기록하여 붙여진 이름.
- 심마니 : 산삼을 캐는 사람을 말하며 '심메마니'라고도 한다.
- 심봤다 : 심마니들이 산삼을 발견했을 때 외치는 말로 '산삼을 보았다'는 뜻.
- 야생삼(野生蔘) : 인삼의 씨로 산에서 자연적으로 자란 산삼.
- 양각삼 : 싹대 하나에 뇌두 두 개, 뿌리 두 개가 양쪽으로 발달된 산삼을 말한다.
- 어인(御人)마니 : 심마니들 가운데 대장을 가리키는 은어다.
- 오구 : 산삼의 싹대가 다섯 가지가 있는 산삼. 오지(五枝)라고도 한다.
- 오지오엽(五枝五葉) : 산삼의 싹대에 가지가 다섯 개 나오고 가지마다 다섯 잎사귀가 달린 것을 말한다.
- 오행 : 산삼의 싹대 하나에 잎사귀가 다섯 개 달린 것.
- 옥주(玉珠) : 산삼이 오랜 기간 자라면서 잔뿌리를 스스로 정리한 흔적을 말하며 실뿌리 중간 중간에 달린 좁쌀 같은 모양의 혹을 말한다.
- 원앙메 : 동행한 심마니들이 캔 산삼을 골고루 나누어 가지는 행위.
- 육구 : 산삼의 싹대 하나에 가지가 여섯 개 달린 것. 육지(六枝)라고도 한다.
- 육구만달 : 육구의 다른 이름이며, 산삼의 싹대가 여섯 가지가

있는 산삼.

- 인삼칠효설(人蔘七效說) : 최근 중국에서 주장한 학설로 인삼의 일곱 가지 효험을 글로 표현한 설.
  ① 보기구탈(補氣救脫) : 원기를 보하여 허탈을 다스린다.
  ② 익혈복맥(益血復脈) : 피를 더해 주고 맥을 강하게 한다.
  ③ 양심안신(養心安神) : 마음을 편안히 해주고 신경을 안정시켜 준다.
  ④ 생진지갈(生津止渴) : 진액을 보하고 갈증을 해소한다.
  ⑤ 보폐정천(補肺定喘): 폐 기능을 튼튼하게 하고 기침을 멈추게 한다.
  ⑥ 건비지사(建脾止瀉) : 비장을 튼튼하게 하고 설사를 멈추게 한다.
  ⑦ 탁독합창(托毒合瘡) : 독을 제거하고 종기를 없애 준다.
- 인종(人種) : 인가 인삼밭 근처에서 캐낸 산삼을 말하는데 재배하는 인삼의 씨가 떨어져서 자생한 야생삼.
- 장뇌삼 : 본뜻은 뇌두가 긴 산삼을 말하는데 현재는 사람이 산에다 인삼 씨로 재배하여 키운 야생삼을 키워 야생삼에서 다시 받은 씨를 뿌려서 인공적으로 재배한 산삼.
- 장뇌산삼 : 인삼의 씨앗으로 시작되어 야생의 과정을 거친 야생삼의 씨앗으로 태어난 야생화 2대의 산삼.
- 주름 : 산삼의 몸통에 있는 가락지를 말하며 횡추(橫皺)라고도 하는데 겨울과 봄을 지나며 얼었다 녹았다를 계속하며 생긴 주름살을 말한다.

• 죽절삼(竹節蔘) : 주로 일본에서 자생하고 있은 산삼과 비슷하나 뿌리가 대나무 마디처럼 보이며 산삼과 비슷한 식물.
• 지종삼(至終蔘) : 인삼의 씨앗으로 시작되어 야생으로 대를 이어 4대의 과정을 거치며 약성이 완전한 산삼으로 태어난 산삼.
• 천종삼(天種蔘) : 본래 산삼에서 산삼으로 이어진 산삼의 원종이며, 현재 우리나라엔 멸종된 것으로 본다.
• 채심 : 산삼을 캐는 행위. 산삼을 돋운다라고도 하며 채근한다라고도 함.
• 칠구두루부치 : 산삼의 싹대가 일곱 가지가 달린 산삼.
• 턱수 : 산삼의 몸통으로 이어진 뇌두에 붙어 있는 뿌리.

■ 한국산삼연구회 및 한국산삼감정협회 명단

고문 김형국 – 심마니 경력 37년

고문 이명식 – 심마니 경력 20년

회장 박동수 – (현) 황금사과한의원 원장
동국대학교 한의과대학 졸업

이사 김준영 – (현) 연세 유외과의원 원장
연세대학교 대학원 졸업
세브란스 간, 담, 췌장 외과전임의

이사 박치완 – (현) 생명나눔한의원 연구원장
경희대학교 한의과대학 졸업

이사 고기완 – (현) 수원광동한의원 대표원장
CHA통합의과대학교 대학원 졸업
세계 최초 대체의학박사 1호

이사 김봉집 – (현) 경희제광한의원 원장
경희대학교 한의과대학 졸업

이사 서 용 – (현) 미동방한의원 원장(경남 통영시)
동국대학교 한의과대학 졸업

이사 이태원 – (현) 예그린한의원 대전점 대표원장(대전시)
대전대학교 한의학대학원 졸업

이사 유진덕 – (현) 진덕중국한의원 원장
동국대학교 한의과대학 졸업
원광대학교 한의학박사 학위 취득

산삼의 비밀

지은이_이명식
책임편집_이선종

·

펴낸곳_도서출판 산마을
등록번호_119-91-91763
주소_서울시 금천구 시흥대로104다길 2(독산동)
전화_(02)866-9410
팩스_(02)855-9411
이메일_sanchung54@naver.com

·

제1판 제1쇄 인쇄_2015년 11월 3일
제1판 제1쇄 발행_2015년 11월 6일

·

·

ISBN 979-11-86918-00-5 03480